[苏]维塔利·比安基 著 周露 译

四川文艺出版社

图书在版编目（CIP）数据

森林报. 春 / (苏) 维塔利 · 比安基著 ; 周露译
. -- 成都 : 四川文艺出版社, 2021.2
ISBN 978-7-5411-5793-6

Ⅰ. ①森… Ⅱ. ①维… ②周… Ⅲ. ①森林－青少年
读物 Ⅳ. ①S7-49

中国版本图书馆CIP数据核字（2020）第168340号

SENLINBAO CHUN

森林报 · 春

［苏］维塔利 · 比安基 著　周露 译

出 品 人　张庆宁
责任编辑　叶竹君
责任校对　段　敏
封面设计　赵　书
版式设计　史小燕
责任印制　崔　娜
插　　图　赵　书　赵海月

出版发行　四川文艺出版社
社　　址　成都市槐树街 2 号
网　　址　www.scwys.com
电　　话　028-86259287（发行部）　028-86259303（编辑部）
传　　真　028-86259306

邮购地址　成都市槐树街 2 号四川文艺出版社邮购部　610031
排　　版　四川胜翔数码印务设计有限公司
印　　刷　成都勤德印务有限公司
成品尺寸　145mm × 210mm　　开　　本　32 开
印　　张　8.5　　字　　数　150 千
版　　次　2021 年 2 月第一版　　印　　次　2021 年 2 月第一次印刷
书　　号　ISBN 978-7-5411-5793-6
定　　价　25.00 元

前　言

1894年2月11日，维塔利·比安基出生于今俄罗斯的圣·彼得堡市。他那动听的名字与艺术天赋来源于其意大利祖先。他的父亲是位著名的鸟类学家，在彼得堡科学院（今俄罗斯科学院）动物博物馆工作。他从小住在博物馆对面，经常和两个兄弟到那里玩耍。在博物馆的玻璃橱窗里，陈列着采自世界各地的动物标本，而比安基的家简直就是个小小的动物园，里面饲养着猫、狗、小刺猬以及其他各式各样的小动物。

每年夏天，比安基全家都在列别施耶的乡村度过。比安基还不到5岁的时候，就与森林中的大自然有了第一次亲密的接触。从此他深深迷恋上了森林和森林中的居住者，动物世界成为他心中珍藏的乐园。比安基的兴趣爱好广泛，受到过各种各样的教育。从彼得堡大学自然科学系毕业后，他继续在艺术史研究院深造。但是比安基自始至终都着迷于动物世界、森林及其居住者，因此他认为父亲瓦连京·里沃维齐·比安基是他一生中最重要的老师。父亲使他养成了观察和记录动物生活习性的好习惯，让他受益终生。

20世纪20年代初，比安基在远东阿尔泰地区的比斯克市地方志博物馆工作，同时担任中学生物课教师。他一边仔细观察神奇的动物世界和浩瀚无边的原始森林，一边不停地做记录。当时，这些记录毫无用处，只不过是躺在书桌抽屉里的一堆废纸，但是他坚持记录下所见所闻。几年之后，比安基凭借着这些素材，创作出许多有关大自然及其居住者的引人入胜的神奇故事和小说。

1922年秋，比安基返回彼得堡。在那里，他结识了当时一批著名的儿童文学作家，从此走上了文学创作之路。很快他在儿童文学杂志《麻雀》上发表了第一篇短篇小说《红脑袋麻雀的旅行》，1923年出版了第一本小册子《谁的鼻子更好》。

比安基一生写过300多篇有关动物世界的作品，但是其中最著名和最优秀的无疑是我们手头的这本《森林报》。就形式的原创性和内容的丰富性而言，这本书至今也是不可逾越的杰作。在《森林报》上可以读到每月每日在自然界发生的最有趣、最不寻常的事。《森林报》一书由杂志的专栏文章扩充而成，从1924年起至生命的最后一刻，比安基一直孜孜不倦地修改此书，不断增补新的内容。从1928年起，该书多次重版，被翻译成多国文字在世界各地出版，受到各国读者的喜爱。

比安基一生写森林写了35年。在他创作的中短篇小说和童话故事里，他巧妙地把精确的科学知识和优美的诗意融合在一起，成功地找到了诠释神秘森林世界的神奇语言。比安基是迄今为止最杰出的描写和塑造动物形象的作家之一，他把自己和其他从事动物世界创作的作家称为“无声语言的翻译者”。他把鸟的啾啾声和其他动物的多重声音翻译成了人类易懂的语言，引导小朋友们走进多姿多彩的动物世界。通过阅读《森林报》，孩子们可以学到课堂上学不到的知识，激发起对大自然的关心与热爱，从而培养起对科学研究的兴趣。

本书的中译本根据俄罗斯苏维埃联邦教育部儿童文学国家出版社1958年的版本译成。作者于1959年6月10日因脑溢血不幸去世，因此该版本是作者生前最后一次的修订版，也是目前在俄罗斯国内最流行的版本。

本译本第一次收录了《哥伦布俱乐部》和《基特·韦利卡诺夫的故事》两个章节。这两部分一共将近八万字，在我国首次被译成中文，因此该译本是国内目前对《森林报》1958年俄文版（终结版）最完整、最忠实的翻译。《哥伦布俱乐部》讲述了《森林报》编辑部下设的少年自然科学家研究小组不同寻常的发现和奇遇，孩子们可以从中了解到俄罗斯少年儿童丰富多彩的课余生活以及他们对大自然的热爱与探索。《基特·韦利卡诺夫的故事》由四个独立的故事组成，每个故事都巧妙地融入了十个事实或现象，需要读者朋友们开动脑筋，做出判断。作者以这种新颖独特的形式设计，促使读者朋友们不是被动地接受知识，而是积极主动地思考一些问题。

衷心希望本书能够成为我国广大少年朋友的良师益友，从中发现动植物世界的生态美，从小得到良好的生态美学教育！

周　露

于浙江大学紫金文苑

2019 年 8 月

特将此书献给我的父亲瓦连京·里沃维齐·比安基先生。

——维塔利 · 比安基

写给读者的话

普通报纸，只报道人的消息和活动。可是，孩子们非常想了解兽类、鸟儿和昆虫的生活情形。

在森林里发生的奇闻逸事和城里的一样多。那里动物们也在劳动，也存在着愉快的节日和不幸的事件，也有英雄和强盗。不过，城里的报纸很少报道此类消息，因此无人知晓林中新闻。

比如，有谁听说过，在我们列宁格勒州[1]，没有翅膀的小蚊子在冰雪季节从泥里钻出来，赤着脚在雪地上奔跑？有谁在报纸上读到过诸如林中巨人驼鹿打群架、候鸟大搬迁和长脚秧鸡徒步穿越欧洲大陆这类趣闻？

在《森林报》上你就可以读到这类奇闻逸事。

《森林报》按月编排，共有12期，我们把这12期汇编成一本书。每期森林报均包含以下内容：编辑部文章、森

① 即如今的圣·彼得堡。——译者注

林报记者发来的电报、信件以及打猎途中发生的趣事。

谁是我们的森林报记者呢？他们是小朋友、猎人、科学家和护林员，他们经常到森林里去，了解兽类、鸟儿和昆虫的生活状况，记录下各类林中趣事，并寄给我们编辑部。

《森林报》单行本最早发行于1927年。从那时起经历了8次再版，每次都增添了新的栏目。

我们派出特派记者，去采访大名鼎鼎的猎人萨索伊其。他们一起打猎，在篝火旁休息的时候，萨索伊其经常讲起他的奇特经历。特派记者记下他讲的奇特故事，寄给我们编辑部。每一期《森林报》后都附带了问答部分，我们称之为“打靶场”。在“打靶场”里，读者可以比一比，谁答得更准确。只要认真阅读森林报，很容易答对绝大多数问题。回答正确可以得两分。建议读者以小组为单位玩“打靶场”游戏。请大声朗读问题，参赛者把答案写在纸上。请不要马上回答全部问题。例如，有关长脚秧鸡的身高问题，最好过几天，商量之后再做出回答。在这几天里，可以去一趟草地，跟踪长脚秧鸡，亲眼看一看，它们到底长什么样。

《森林报》在列宁格勒州诞生和出版，这是一份州报。它报道的事件几乎都发生在列宁格勒州，或者就在列宁格勒市。

可是苏联地域辽阔，常常出现这样的情形：在北方边境，狂风暴雪，人们冻得全身发抖；在南部边疆，却已阳光灿烂，鲜花怒放；在西部边陲，孩子们刚刚准备睡觉；在东部边疆，孩子们却已睡醒、准备起床了。因此，《森林报》的读者希望在《森林报》上不仅可以读到在列宁格勒州发生的事，还能了解到在祖国各地发生的事。为了满足读者的需求，《森林报》开辟了由本报记者主持的“祖国各地播报”栏目。

我们转载了塔斯社有关孩子们参加劳动和取得成绩的报道。我们开办了“通告”栏目，举办了“锐眼”竞赛。“锐眼”特指读者中最优秀的猎人侦查员。

我们特地邀请生物学博士、植物学家和作家尼娜·米哈依娜弗娜·芭芙洛娃为《森林报》写文章，谈谈各种有趣的植物。

我们的读者必须熟悉大自然的生活，只有这样，才能改造大自然，才能自如地管理动植物的生活。

因为《森林报》的读者长大后，将亲手培育优质的植物新品种，亲自管理森林的生活，让森林为祖国造福！

……不过，为了不把好事变成坏事、造成不可弥补的损失，首先必须热爱和熟悉祖国的土地，必须了解祖国的动物和植物、了解它们的生活。

新版（即第九版）《森林报》经过了重新审阅和补

订。我们刊登了“一年——十二个月的太阳史诗”栏目。我们采用了生物学博士尼·米·芭芙洛娃的大批报道，充实了“集体农庄纪事”栏目。我们发表了战地记者发自林中巨兽鏖战现场的报道。我们为喜欢钓鱼的读者开辟了“祝你一钓一个准”专栏。我们还刊登了年轻记者基特·韦利卡诺夫新编的四个游戏故事，答案刊登在本书的末尾。最后，为少年读者增加了“哥伦布俱乐部”章节，这一部分主要讲述《森林报》编辑部下设的少年自然科学家研究小组不同寻常的发现和奇遇。

我们的第一位森林记者

在过去的岁月里，列宁格勒人，列斯诺伊的居民，经常会在公园里碰到一位戴着眼镜、头发灰白的教授。他长着一对异常犀利的眼睛。他倾听鸟的每一声啼鸣，观察每一只飞过的蝴蝶或苍蝇。

大城市的居民通常不会仔细地观察每一只新孵出的小鸟，或者春天里出现的每一只蝴蝶。可是春季森林中每一件新鲜事都逃不过他的眼睛。

这位教授名叫德米特里·尼基诺维齐·凯戈诺德夫。他连续50年观察城市和近郊的生物自然界。在这50年里，他亲眼见证了冬去春来，春去夏来，夏尽秋始，秋尽冬来，鸟儿飞去又飞回，树木花卉开了又谢。凯戈诺德夫教授仔细地记录下他观察到的每件事，然后把这些记录发表在报刊上。

他还号召其他人，尤其是年轻人，要多观察大自然，记观察笔记，然后寄给他。人们积极响应他的号召。于是，他那支观察大自然的记者队伍，逐年壮大起来。

直到今天，那些爱好大自然的人，比如我国的地方志专家、科学家、少先队员和小学生们，还在以他为榜样，继续做观察工作，收集观察记录。

在50年的时间里，凯戈诺德夫教授亲手积累起许多观察笔记。他整理、归纳了这些资料。多亏了他坚持不懈、耐心细致的工作，也多亏了许多其他我们读者连名字也不知道的科学家的劳动，我们今天才能知道：春天，鸟类什么时候飞到我们这里来；秋天，鸟类什么时候飞离我们；才能了解树木花草的生长过程。

凯戈诺德夫教授为孩子们和大人们写了许多谈论鸟禽、森林和田野的书。他本人曾经在学校里教书，并且一再表示：孩子们不应该只依赖书本来了解祖国的大自然，他们应该走到森林和田野里去。

1924年2月11日，凯戈诺德夫教授在久病之后，没能等到第二年春天的到来，就与世长辞了。

我们将永远怀念他。

森林年

读者也许会认为《森林报》上刊登的森林新闻和城市新闻都是些旧新闻。事实并非如此。的确，每年都有春天。但是，每年的春天都是崭新的，无论你活多少岁，都不会看见两个完全相同的春天。

一年，好比一只带有12根辐条（即12个月）的车轮，12根辐条滚过去了，就等于车轮滚了一圈；接着，又该轮到第一根辐条转了。不过，这时车轮已经不在原地：它已经滚到较远的地方去了。

春回大地。森林苏醒了，熊从熊窝里爬出来，春水淹没了动物的地下洞穴。鸟儿飞过来，重新开始嬉戏和跳舞，野兽们又开始繁衍后代。读者们可以在《森林报》上读到森林里最新发生的事件。

我们在这儿刊登了每年的森林日历。它与普通的日历不太相像：这丝毫不令人奇怪。

因为，鸟兽并不像我们人类那样生活啊！ 它们的日历别具一格，它们根据太阳的转动过日子。

太阳在天上转一大圈，就是一年。太阳走过一个星座，走过黄道带[①]的一宫，就是一个月。十二个星座的总称即为黄道带。

森林日历上的新年开始于春天，而不是冬天，即太阳转入白羊宫的日子。森林里，每逢迎接太阳的日子，就是愉快的节日；每逢送别太阳的日子，就预示着愁闷的岁月即将开始。

我们按照普通日历的样子，把森林日历上的一年分成十二个月。但是，我们按照森林里的情形，给每个月取了另外的名字。

---

① 黄道带，又称黄道宫，指日月和行星在天空中运行的轨迹。天文学家把它分成十二宫，每宫长 30 度，从春分起，依次为：白羊宫、金牛宫、双子宫、巨蟹宫、狮子宫、室女宫、天秤宫、天蝎宫、人马宫、摩羯宫、宝瓶宫、双鱼宫。黄道十二宫，也就是我们俗称的十二星座。

每年的森林历

春

1. 冬眠复苏月：3 月 21 日— 4 月 20 日
2. 返回故乡月：4 月 21 日— 5 月 20 日
3. 唱歌跳舞月：5 月 21 日— 6 月 20 日

夏

4. 鸟儿筑巢月：6 月 21 日— 7 月 20 日
5. 小鸟出生月：7 月 21 日— 8 月 20 日
6. 成群结队月：8 月 21 日— 9 月 20 日

秋

7. 告别故乡月：9 月 21 日— 10 月 20 日
8. 储粮过冬月：10 月 21 日— 11 月 20 日
9. 冬客降临月：11 月 21 日— 12 月 20 日

冬

10. 冬雪初现月：12 月 21 日— 1 月 20 日
11. 饥寒交迫月：1 月 21 日— 2 月 20 日
12. 苦等春天月：2 月 21 日— 3 月 20 日

目录

CONTENTS

森林报

春

春

SENLINBAO 森林报

NO.1 〔春季第一月〕冬眠复苏月

3月21日—4月20日 太阳转入白羊宫

一年：十二个月的太阳史诗——3月

恭贺新禧

3月21日是春分。这天，白天和黑夜一样长：一半时间出太阳，一半时间是夜晚。这天，森林里在庆祝新年：春天就在眼前了。民间有句谚语：3月是温室，3月是滴管。太阳开始战胜冬天：积雪变松软了，出现了许多小孔眼，雪变得灰不溜秋的，已经不像冬天那么洁白，它屈服了！ 只要看看雪的颜色，就知道冬天即将结束。一根根小冰柱从屋檐上垂下来，亮晶晶的水一滴接一滴地顺着冰柱往下流，渐渐积聚成水洼。街头巷尾的麻雀兴高采烈地在水洼里扑腾，想洗去羽毛上积聚了一冬的污垢。山雀欢快的、银铃般的歌声在花园里响起。

春天乘着阳光的翅膀降临人间。它制定了严格的工作程序。首先，它解放大地：雪开始慢慢融化了，而冰下的水还在沉睡，雪下的森林也睡得正香。

3月21日清晨，人们按照古老的俄罗斯民俗，做“百灵鸟”吃。这是一种小面包，用面粉捏成小鸟嘴，用两粒葡萄干作鸟眼睛。这天，我们把鸣禽放生。根据新习俗，飞禽月就从这一天开始。孩子们把这一天专门献给长着翅膀的小朋友们，往树上挂成千上万座“鸟房”：椋鸟房、山雀房和人造树穴。他们把树枝编成鸟巢，向可爱的小客人们开放免费食堂。他们还在学校和俱乐部里召开报告会，专门讲述鸟类大军如何保护我国的森林、田野、果园和菜地，讲述应该如何爱护和吸引那些快乐的、长着翅膀的歌唱家们。

3月，母鸡在家门口就可以把水喝个饱了。

森林中的大事

第一只鸟蛋

群鸟里面，就数乌鸦下蛋下得最早。它把巢筑在高大的枞（cōng）树上，上面覆盖着厚厚的积雪。母乌鸦一直待在巢里，因为它生怕蛋被冻坏，生怕蛋里的小乌鸦被冻死。它吃的食物由雄乌鸦专门送来。

雪里的吃奶宝宝

兔妈妈生下了兔宝宝，这时田野上还覆盖着积雪呢。

兔宝宝一出世就睁开了眼睛，身上穿着暖和的皮袄。它们生下来就会跑，吃饱了奶就四处跑开，躲到灌木丛中和草丛下，静静地躺在那儿，既不叫唤，也不淘气。兔妈妈早已跑得不知去向。

一连过去了一天、两天、三天。兔妈妈早就忘记了兔宝宝，在田野里蹦来蹦去。但是兔宝宝们依旧躺在那里，它们不敢乱跑。一乱跑，就会被老鹰发现，或者被狐狸觅到脚印。

瞧，终于有只兔妈妈跑过来了。咦，这不是它们的妈妈，是别人的妈妈，是位兔阿姨。兔宝宝跑到它跟前吱吱叫："喂喂我们吧！""行啊，吃吧，吃吧！"兔阿姨把它们喂饱了，又朝前跑去。

兔宝宝又躺回到树丛里。这时，它们的妈妈正在别处给别家的兔宝宝喂奶呢。

原来兔妈妈们定下了这么一条规矩：所有的兔宝宝都是大家的孩子。不管兔妈妈在哪儿遇到兔宝宝，都要给它们喂奶。不管兔宝宝是亲生的还是别人家的，都一样对待！

你们以为兔宝宝没有兔妈妈照顾，就过得不幸福吗？完全不是这么回事。它们穿着皮袄，身上暖洋洋的。兔妈妈们的奶香浓可口，兔宝宝吃上一顿，好几天都不饿呢。

等到第八九天，兔宝宝就开始吃草了。

发自森林的第一封电报

——白嘴鸦揭开了春天的序幕

白嘴鸦揭开了春天的序幕。在冰雪融化的地方，出现了成群结队的白嘴鸦。

白嘴鸦在我国南方过冬。它们急匆匆地赶回故乡北方。一路上，它们遇到了无数次残酷的暴风雪。成百上千只白嘴鸦精疲力竭，死在了半道上。

最先飞到的是那些身强力壮的鸟，现在它们在休息。它们在路上骄傲地迈着方步，用结实的嘴巴刨着泥土。

布满天空的沉甸甸、黑压压的乌云飘走了。大片大片的白云飘浮在蔚蓝的天空上。第一批小野兽出生了。驼鹿和狍长出了新犄角。黄雀、山雀和戴菊莺在森林里唱起了歌。我们在等待椋鸟和百灵鸟的到来。在树根拱起的枞树下，我们找到了熊窝。我们轮流守候在熊窝旁，只要熊一出来，就向大家报告。一股股融化了的雪水悄悄地在冰下汇集。森林里到处可听见滴滴答答的滴水声，树上的雪也在渐渐融化。夜晚，严寒重新把水结成冰。

第一批花

森林里开出了第一批花。不过，地面还被雪覆盖着，在地上找不到它们。森林边的水在潺潺地流，沟里的水漫到了边沿。瞧，就在这里，在这褐色的春水上面，在光秃秃的榛树枝上，第一批花开了。

从树枝上挂下来一根根柔软的灰色小尾巴，我们把它们叫作葇荑（róu tí）花序，实际上它们并不像葇荑花序。只要把小尾巴摇一摇，就会看见从上面飘落下许多花粉。

令人惊讶的是，就在这几根榛树枝上，还长出了别的花。这种花，三三两两地长在一起，很容易被人当作幼芽。只是在每个“幼芽”的尖上，长出一对颜色鲜红的，既像细线又像小舌头的带状物。原来这是雌花的柱头①，它们吸收从其他榛树枝上随风飘来的花粉。

风毫无羁绊地在光秃秃的树枝间游荡，既没有树叶，也没有其他物体阻止它去摇晃那些小尾巴，或者吸收花粉。

总有一天，榛子花会凋谢，葇荑花式的小尾巴会脱落，那些幼芽般的奇妙小花上的红线会干枯；到那时，每

---

① 柱头指的是花朵中雌蕊的尖头部分。

一朵这样的小花，都会长成榛子。

发自尼·芭芙洛娃

春天的计谋

在森林里，凶猛的动物经常攻击和善的动物，无论在哪里看见小动物，它们都会猛扑上去。

冬天，在洁白的雪地上，人们很难迅速发现雪兔和白山鹑。可是现在雪正在融化，好多地方的地面已经露出来了。狼、狐狸、鹞鹰和猫头鹰，甚至像白鼬和银鼠这样的小型食肉动物，都能隔老远看见白兽皮和白羽毛在冰雪融化后的黑土地上一闪一闪的。

因此，雪兔和白山鹑就耍起计谋：它们开始脱毛，改换成其他颜色。雪兔变得灰不溜秋的；白山鹑脱掉了许多白羽毛，在原来长白羽毛的地方，长出了带黑条纹的褐色和红褐色的新羽毛。在兔子和山鹑换装之后，人们不太容易发现它们了。

有些攻击型的食肉兽，也只得换装了。冬天，银鼠浑身上下一身白；白鼬也一样，只有尾巴尖是黑色的。那时，它们很容易在雪地上悄悄爬到和善的小动物跟前去，因为它们的毛皮和雪一样白，不容易被发现。不过现在它俩都换毛了，变成了灰色的。银鼠浑身灰色；白鼬也变成了灰色的，只有尾巴尖还是黑色的。不过，无论冬夏，皮毛上有个黑点都不会坏事，雪地上不也有黑点吗？那是垃圾和小枯枝呀。而在地面和草地上，这种黑斑点就更多啦。

冬天的客人准备上路了

可以看见一群群的小白鸟，飞在列宁格勒州各处的行车道上。它们长得很像鹀（wú）鸟。这是雪鹀和铁爪鹀，都是在我们这儿过冬的客人。

它们的家乡在北冰洋沿岸和岛屿上的冻原带。还要过上很多天，那里的泥土才会开冻。

雪　崩

森林里开始了可怕的雪崩。

松鼠正在温暖的巢里睡觉。它的巢搭在高大的枞树枝上。

冷不丁，一团沉甸甸的雪从树梢上掉下来，正好砸中巢顶。松鼠慌忙逃了出来，可那些刚出世的无助的松鼠宝宝，还留在巢里面。

松鼠赶紧扒开雪。幸好雪只压住用粗树枝搭的巢顶。里面那只由松软暖和的苔藓搭成的圆巢，依旧完好无损。巢里的小松鼠，甚至没有被惊醒。它们还很小，跟小老鼠一般大，又聋又瞎，浑身光秃秃的。

湿漉漉的住房

雪不停地融化。那些住在森林“地窖”里的动物，开始了艰难的生活。鼹（yǎn）鼠、鼩鼱（qú jīng）、野鼠、田鼠、狐狸以及其他住在地洞里的各种野兽，现在都觉得潮湿难耐。要是所有的雪都化了，它们可怎么过日子啊?

奇特的茸毛

沼泽地上的雪化开了，水在小草丘间漫延。小草丘下，银白色的小穗在光溜溜的绿茎上摇曳着。难道这是去年秋天还没来得及飞掉的种子吗？难道它们在雪底下挨过了整个冬天？真是令人难以置信，它们实在太干净、太新鲜了！

只要把小穗采下来，拨开茸毛看一看，谜团就解开了。原来这就是花呀！金黄色的雄蕊和细线般的柱头，露在丝一般润滑的白茸毛外面。

羊胡子草就是这样开花的。由于夜里还很冷，所以茸毛是给花保温的。

发自尼·芭芙洛娃

在四季常绿的树林里

不仅在热带或者地中海沿岸可以看到四季常绿的植物，在北方的森林里也长着常绿小灌木。现在，在新年的第一个月，到常绿树林里走一走，既看不见褐色的烂树叶，也看不见令人厌烦的枯草，心情会特别轻松。

隔老远就能看见绿中带灰的毛蓬蓬的小松树。在这里，在这些小树之间待一会儿，令人心旷神怡。这里的一切都显得生机勃勃：有柔软的绿色苔藓，有叶子亮晶晶的越橘，还有优雅纤细的石南。石南树枝上还残留着去年开的淡紫色小花，枝上长满了小巧玲珑的树叶，像盖着小瓦片似的。

常绿灌木蜂斗叶，也长在沼泽地的边缘。它的叶子是暗绿色的，叶边向上卷起，叶子下部仿佛涂了一层白漆似的，所以又叫作“叶下白”。可是，假如现在有谁站在这株小灌木前，他不会一直盯着叶子看，因为他会瞧见更有趣的玩意儿：鲜花！美丽的粉红色钟型花，像极了越橘花。在早春的森林里找到花，真让人惊喜万分！要是你采一束带回家，没有人会相信这是从野外摘来的，准会说是从温室里采来的。

因为很少有人会在早春，就到常绿树林里散步啊。

发自尼·芭芙洛娃

鹞鹰和白嘴鸦

“哔——哔！呱——呱——呱！”有只鸟从我头顶飞过。我回头一看，只见五只白嘴鸦正在追一只鹞鹰。鹞鹰来回躲闪，可还是被白嘴鸦追上了，头顶上被啄了一口，痛得哇哇直叫。最后，它终于逃脱了。

我站在大山上，极目远眺，只见一只鹞鹰停在树上休息。突然，不知从哪儿冒出来一群白嘴鸦，呱呱叫着朝它扑去。这下鹞鹰的处境糟糕透顶。它发疯似的大叫一声，扑向一只白嘴鸦。那只白嘴鸦害怕了，躲向一旁。鹞鹰趁机灵敏地冲向高空，谁也没来得及阻拦它。白嘴鸦丢失了俘虏，只好四散到田野里去了。

发自森林记者 康·梅什列耶夫

城市新闻

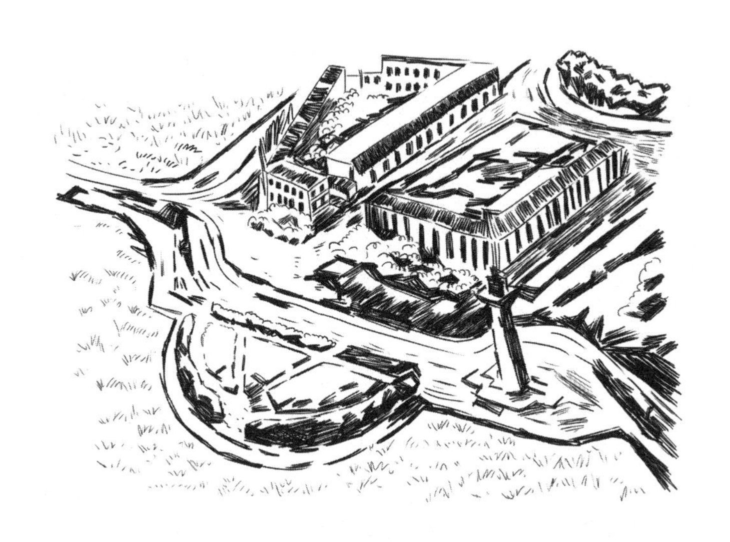

屋顶音乐会

猫儿每天夜里都在屋顶召开音乐会，它们很喜欢开音乐会。可是，每次音乐会都以歌手们大打出手告终。

在顶楼的角落里

为了调查屋顶动物居民的生活状况，《森林报》的记者最近几天走访了市中心的许多住宅。

那些占据了顶楼角落的鸟儿们，对居住条件心满意足。谁要是觉得冷，可以紧挨着壁炉的烟囱，享用免费的暖气。母鸽子已经在孵蛋；麻雀和慈鸟到处搜集筑巢用的小稻草棍和做软垫子用的羽毛和绒毛。

猫和一些男孩经常捣毁鸟儿的窝，所以鸟儿们对他们恨之入骨。

麻雀惊慌逃命

尖叫声和打架声在椋鸟房旁响成一片。绒毛、羽毛和稻草随风飘荡。

原来，椋鸟房的主人椋鸟回来了。它们抓住占据了其故居的麻雀，把它们往外赶，然后往外扔麻雀的羽毛褥子。它们不想留下麻雀的任何踪迹。

有个泥瓦匠正站在脚手架上抹屋顶下的裂缝。麻雀在屋檐上跳来跳去，瞧了瞧屋檐下，突然大吼一声，朝泥瓦匠的脸直扑过来。泥瓦匠用抹泥灰的小铲子不停地撵它们。他没想到，他把裂缝里的麻雀巢给糊上了。而麻雀已经在巢里下过蛋了。

一片尖叫声。一片打架声。绒毛和羽毛随风飘荡。

发自森林报记者 尼·斯拉德科夫

睡眼惺忪的苍蝇

一群蓝里透绿、金光闪闪的大苍蝇出现在街上。它们跟秋天时一样，一副睡眼惺忪的模样。它们还不会飞，只能勉勉强强、摇摇晃晃地用细腿沿着墙壁爬。

白天，这群苍蝇在外面晒太阳；晚上，它们又爬回到墙壁和篱笆的裂缝和空隙里。

苍蝇，请提防这群流浪汉！

一群流浪汉虎蜘蛛出现在列宁格勒的街上。

俗话说，狼靠跑得快活命。虎蜘蛛也一样。它们不像十字园蜘蛛那样巧妙地编织细网，而是用力一跳，径直扑向苍蝇或者其他昆虫，吃掉它们。

石　蚕

一些呆头呆脑的灰色小虫子，从河面冰块的细缝中爬出来。它们爬上岸后，脱掉皮外套，变成了身材苗条匀称、长着翅膀的小飞虫。它们既不是苍蝇，也不是蝴蝶，而是石蚕。

它们的翅膀很长，身子很轻，还不会飞，因为它们还很柔弱，还需要晒太阳。

它们在过马路。行人踩踏它们，马蹄践踏它们，车轮子碾压它们，麻雀也不住地啄它们。可是它们还是一个劲儿地朝前爬，爬呀爬：它们有几千、几万、几十万只呢。

爬过了马路的石蚕，就爬到房子的墙壁上晒太阳。

列斯诺伊观察站

自从举世闻名的自然科学家凯戈诺德夫教授首次在

列斯诺伊进行物候学[1]观察以来，这种观察已连续进行了80年。

现在苏联的全苏地理协会下设有一个以凯戈诺德夫为名的专门委员会负责物候学观察者的工作。

物候学爱好者从全国各地把报道寄往委员会。根据多年观察到的鸟类飞来飞去、植物花开花谢、昆虫出现和灭绝的记录，可以编制一部“普通自然日历”。这有助于我们预报和确定各种农作物的生长日期。

现在，在列斯诺伊设立了全国中央物候学观测站。在全世界只有三个像这种超过50年历史的观测站。

列宁格勒州集体农庄儿童第一次代表大会决议

我们向野鼠、家鼠、象鼻虫、草地螟等危害农作物的害虫宣战。我们将组织1200个小分队，与农田、果园、菜地、菜窖和谷仓里的害虫做斗争。我们将搭建三万个人造鸟巢椋鸟房，用来消灭农田和菜地里的害虫。

① 亦称“生物气候学”，为研究大自然季节变化的科学。

发自森林的第二封电报

椋鸟和百灵鸟唱着歌，飞过来了。

我们迫不及待地等待着熊从熊窝里爬出来，可是一点动静都没有。我们想，也许熊在里面冻死了吧？

突然，雪颤动起来。

可是，从雪底下爬出来的并非熊，而是一只从未见过的怪兽。它灰白色的头上长着两条黑斜纹，个头跟小猪一般大。浑身毛茸茸的，肚皮漆黑。

原来这不是熊窝，而是獾洞，从洞里钻出来的是獾。

从现在开始，獾不再睡懒觉了。每天晚上，它都会到森林里去找蜗牛、幼虫和甲虫，啃植物根，抓野鼠。

我们在森林里再次四处寻找，终于找到一处熊窝：这才是真正的熊窝！

熊还在冬眠。

水升到冰面上来了。

雪崩塌了；松鸡在求偶；啄木鸟在笃笃地啄树；飞来了会啄冰的小鸟白鹡鸰。

道路变得泥泞不堪，集体农庄庄员们不再乘雪橇了，他们驾起了马车。

发自本报特派记者

列宁格勒州少年自然科学家代表大会决议

亲爱的朋友们！

我们农田里的麦子在抽穗，花园里百花盛开，社会主义经济正日益巩固和壮大。

我们少年自然科学家、农业实习生和大人们一起参加劳动。

少年自然科学家和农业实习生代表大会的参与者，在会上交流了少年自然科学工作的经验。现在我们向全州少先队员和学生朋友发出倡议：增加自然科学工作。

请在学校附属地块开辟花坛，培育果木、浆果园！

请你们每人至少种两棵果树，或者种两棵浆果灌木。

无论是在农作物育种的试验方面、珍贵新植物的栽培方面，还是在先进农业技术的试验和应用方面，都请你们提供宝贵的经验。

暑假里我们将全体参加直观教具的制作，为学校制作植物、动物和非生物的直观教具。

我们将在集体农庄的农田和菜地干活，在畜牧场劳动，在养蜂场帮忙。

为了使我们有益的工作进行得更加顺利，我们将经常向老师、农艺师、动物饲养家、蔬菜培育师和养蜂专家们咨询和请教，了解集体农庄农业先进工作者们的成就，向米丘林[1]工作者们学习创收新方法。

请准备住房

假如你想让椋鸟在花园里住下来，就必须赶紧给椋鸟准备住房！住房要干净整洁，门要开得足够小，好让椋鸟钻得进来，猫却钻不进来。

如果想让猫用爪子都够不到椋鸟，请在门里面钉上一块三角板。

群蚊飞舞

在温暖的、阳光灿烂的日子里，小蚊子已经开始在空中飞舞了。不过，不用怕，这些蚊子不咬人，它们是蚊群。

蚊子聚成一团，像根圆柱子似的在空中飞舞着、推搡

① 米丘林：苏联著名的植物育种家。——编者注

着。在蚊子密集的那一片天空中布满了黑点，仿佛人的脸上长满了雀斑。

第一批蝴蝶

蝴蝶飞出来透透气，在太阳底下晒晒翅膀。

在顶楼上过冬的黑里透红的荨麻蛱蝶和淡黄色的钩粉蝶，最先飞出来。

在公园里

在公园和花园里，长着雪青色胸脯、戴着淡蓝色帽子的雄燕雀歌声嘹亮。它们聚集在一起，等待雌燕雀的光临，雌燕雀总是姗姗来迟。

新森林

正在召开全苏植树造林会议。林务委员、造林专家以及农艺师们欢聚一堂。列宁格勒州代表也参加了此次会议。

为了在我国的草原地区造林，已经进行了100多年的科学考察和实践工作，选定了300种最适合草原种植的乔木和灌木。例如，在顿尼茨草原最适合种植可以与锦鸡儿、忍冬和其他灌木混种的橡树。

在我国，工厂研制出一种新机器，用这种机器可以迅速地、大面积地植树。现在已经在好几十万公顷的土地上种了树。

我国准备在最近几年再造几百万公顷的新森林。它们将提高我国田地的收成。

发自列宁格勒塔斯社

春 花

在公园、花园和庭院里，盛开着款冬的小黄花。

街上有人在叫卖最早的林中春花。虽然它们的颜色和香气都不像紫罗兰，卖花人还是把它们叫作“雪下紫罗兰”，这种花的名字唤作蓝花积雪草。

树木也从沉睡中醒来，白桦树汁开始在树干里奔腾。

什么东西漂进了蓄水池

在列斯诺伊公园的峡谷里，春水在潺潺地流淌。我们的森林记者在一条小溪上，用石头和泥土垒了一道水坝，等在那里，想看看什么东西会漂进蓄水池?

他们等了好久，没看到一只生物，只见到一些木片和小树枝，在水池里旋转着。

后来，他们看到一只死老鼠从溪底滚了过来。这不是灰颜色的、长尾巴的普通家鼠，而是一只棕黄色的、短尾巴的野鼠。原来是田鼠。这只死田鼠也许在雪底下躺了一整冬。现在雪化成了水，把它冲到水池里来了。

接着，他们看见一只黑甲虫漂进了水池。它挣扎着，打着转，怎么也爬不上岸。大家原以为这是一只水栖甲虫，捞起来一看，却是只陆上粪虫。

也就是说，它也苏醒过来了。当然它不是故意投进水里的。

然后，他们看见有个小动物蹬着长长的后腿，自己游到水池里来了。猜猜看，这是谁?这是青蛙呀!

周围还是白茫茫一片，青蛙却已经在水里畅游了。它从水池里爬上了岸，蹦蹦跳跳地钻进灌木丛里不见了。

最后，一只小兽游了过来。它很像家鼠，长着褐色的皮肤，不过尾巴短很多，原来这是只水鼠。它储存了许多食物过冬。显然，快到春天的时候，它吃光了所有的存货，现在出来找食物了。

款　冬

款冬的一丛丛细茎早已长在了小丘上。每一丛茎，都组成了一个小家庭。那些稍年长的茎苗条匀称，高昂着头；紧挨在高茎身旁的是些肥硕的、参差不齐的茎，它们的年纪还小呢。

还有一种茎的样子十分可笑，它们低垂着头，弯着腰站在那里，似乎因为刚刚看到这个世界，感到胆怯不安。

每个小家庭都由地下根茎生长而来。从去年秋天起，地下根茎就开始储藏养料。现在养料被逐渐地消耗掉，不过这些养料足够整个开花期的需要。每个小脑袋很快就会变成辐射状的黄花，更确切地说，不是花，而是花序：一大束彼此紧挨在一起的小花。

当花开始凋谢的时候，叶子从根茎里长出来。这些叶子承担了帮助根茎储存新养料的任务。

发自尼·芭芙洛娃

空中的喇叭声

从空中传来喇叭声，列宁格勒市民感到无比惊讶。清晨，当霞光初现的时候，城市还没有苏醒，街上也没有隆隆的汽车声，这声音听起来分外清晰。

只要仔细瞧上一瞧，那些视力好的人，就可以看见一队脖子细长的大白鸟，在白云下面飞翔。这是一群喜欢叫喊的野天鹅在列队飞行。

它们每年春天都从我们城市上空飞过，用喇叭似的大嗓门响亮地叫着："克鲁鲁！克鲁鲁！"可是，在喧嚣的街道上，在熙熙攘攘的人群中，人们很难听到它们的叫喊声。

现在天鹅正急匆匆地飞到科拉半岛阿尔汉格尔斯克附近，或者飞到北德维纳河沿岸去筑巢。

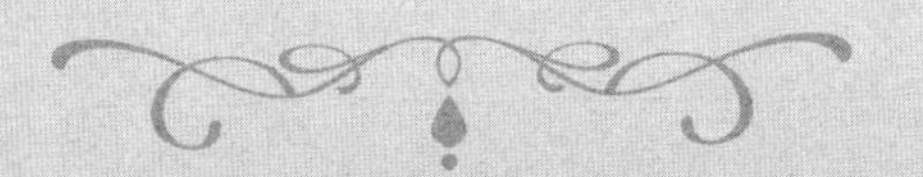

发自森林的第三封电报（急电）

我们在熊窝附近蹲点守候。

冷不防，有什么东西从下面把积雪拱了起来，接着一只又大又黑的野兽脑袋露了出来。

原来，一只母熊钻出了熊窝。两只小熊也紧跟着钻了出来。

我们看见母熊张开嘴巴，悠然自得地打了个大哈欠，然后朝森林里走去。小熊活蹦乱跳地跟在后面。我们看见母熊身体消瘦，毛发蓬松。

现在它在森林里来回乱窜，在这么长时间的冬眠之后，它变得饥不择食，把树根、去年的枯草和浆果统统塞进嘴里，连小兔也不放过。

发自本报特派记者

节日通行证

我们在恭候那些长着羽毛的朋友们。大队委员会交给每个少先队员一项任务，每人搭一只椋鸟巢。

现在大家都在忙着搭鸟巢。我们学校设有木工作坊。如果有谁不会搭椋鸟巢，可以到那里去学习。

我们将在校园里挂上许多鸟巢，好让小鸟在我们学校住下来，保护苹果树、梨树和樱桃树不受青虫和甲虫等害虫的侵犯。等到学校里欢庆飞禽节的时候，每个少先队员都把人造椋鸟巢带到庆祝集会上来。我们约定，人造椋鸟巢就是我们的节日通行证。

发自森林记者 伏洛加·诺维

任尼亚·科良金

发生了水灾

冬天的统治崩塌了。百灵鸟和椋鸟在歌唱。

大水击毁了冰制的“天花板”，涌向自由的天地，冲向广阔的田野。

田野里发生了火灾：雪在太阳底下燃烧。快乐的绿色小草从积雪下探出头来。

春水泛溢时，第一批野鸭和大雁飞过来了。

我们看见了第一只蜥蜴。它钻出树皮，爬上树墩晒太阳。

每天都在发生新鲜事，我们甚至来不及记下来。

城市和乡村之间的交通被阻断了。发生了水灾。

我们将用飞鸟传信，在下一期的《森林报》上报道动物在水灾中的受损情况。

集体农庄新闻

逃亡者被抓住了

雪水没有经过任何人的同意，就想从田里逃到浅沟里。

集体农庄庄员及时逮住了逃犯，他们用厚实的积雪在斜坡上筑了一道堤。

水被留在了田里，开始慢慢渗入泥土。

田里的绿色居民已经感觉到，水在慢慢潜入它们的根部，它们感到非常开心。

一百个新生宝宝

昨天夜里，集体农场养猪场里的值班员一共接生了一百只小猪。这些猪宝宝一个个圆溜溜的，健康结实，吱吱尖叫。九位年轻的幸福母亲，在急不可耐地等待饲养员把粉嘟嘟的小宝宝送过来吃奶。这些小宝宝都长着翘鼻子、短尾巴。

搬到暖和的新房

马铃薯从寒冷的地窖搬到了暖和的新房。

它们对新环境很满意，预备发芽。

绿色新闻

商店里在出售新鲜黄瓜。既不是由蜜蜂来给这些黄瓜授花粉，也不是由太阳来烤热它们生长的土地。

可是，这些黄瓜还是真正的黄瓜，它们长满了小刺，肥硕厚实，汁多味甜。虽然它们在温室里长大，但它们散发出的味道，正是黄瓜的清香。

帮助饥饿者

雪融化了。可以看见田野上长满了细小的青草。可是大地还未解冻，小草没什么可吃的，不幸的小草在挨饿。

可是，集体农庄庄员非常爱惜这些小草，原来这些瘦弱的小草是秋播小麦。集体农庄为小麦准备了营养丰富的食物，有草木灰、禽粪、粪汁和营养盐等。

集体农庄还将从飞机食堂给挨饿的朋友们分发口粮。

飞机食堂将从田野上空飞过，撒下食物，让每一棵小苗都美美地吃上一顿。

发自尼·芭芙洛娃

打　猎

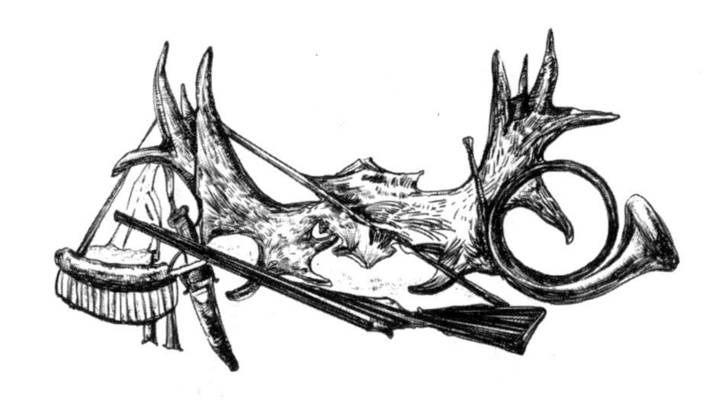

春天允许狩猎的时间很短。假如春天来得早，还可以早点去打猎。假如春天来得晚，只得推迟打猎了。

春天打猎，只准打树林里和水面上的飞禽，不准带猎狗，而且只准打雄的飞禽，比如公鸡和公鸭。

求偶飞行

猎人白天离开城市，傍晚已经到达了森林里。

这是一个灰蒙蒙、没有风的黄昏，下着毛毛细雨，天气暖和，正适合鸟类求偶飞行。

猎人选好一块林中空地，站到一棵枞树旁。周围的树不高，都是些赤杨、白桦和枞树。离太阳下山还有15分

钟。还有时间，可以抽根烟，待会儿可就没工夫抽了。

猎人侧耳倾听着森林里各种鸟儿的鸣唱：鸫（dōng）鸟在枞树尖上啼啭鸣叫，红胸脯的欧鸲（qú）在密林里唧唧叫个不停。

太阳下山了。鸟儿们一个接一个地停止了歌唱。最后，连爱唱歌的鸫鸟和欧鸲也默不作声了。

现在得盯紧点，竖起耳朵听！突然从森林上空传来一阵轻轻的叫声：

“茨勒克，茨勒克，嗯尔——尔——尔！”

猎人打了个激灵，把猎枪往肩上靠了靠，站住不动了。这声音是从哪儿传来的呢？

“茨勒克，茨勒克，嗯尔——尔——尔！”“茨勒克，茨勒克！”

呵，有两只丘鹬（yù）呢！

两只长嘴丘鹬，正在空中扑打着翅膀，急速地飞过森林上空。

它们一只跟着一只飞，并不是在打架。

看得出，雌的飞在前面，雄的跟在后面。

啪……后面那只丘鹬，像车轮似的在空中打着转，慢慢掉进灌木丛里。

猎人如离弦之箭朝它奔去。要是受伤的小鸟逃走，躲到灌木丛里，那就很难找到它了。

丘鹬羽毛的颜色一如枯萎的落叶。

就是它！正在灌木丛上挂着呢。

远处的某个地方，又响起了另外一只丘鹬的叫声。

太远了，霰（xiàn）弹打不到。

猎人又站到一棵枞树后面。他绷紧全身，仔细倾听。森林里寂静无声。

突然又传来了叫声：

“茨勒克，茨勒克，嗯尔——尔——尔！”

在那儿，在那儿，太远了……

把它引过来吧？或许可以引过来？

猎人摘下帽子，朝空中一抛。

丘鹬正在黄昏的薄暮中机警地四处张望，它在寻找雌丘鹬。它看见一件黑乎乎的东西从地面一跃而起，又掉了下去。

是雌丘鹬吗?

它转了个弯，径直朝猎人这边飞过来。

砰——这只也一个倒栽葱摔了下来，重重地撞到地面，当场毙命。

天渐渐变黑了。丘鹬的叫声不时四处响起，一会儿在这边，一会儿在那边，猎人不知道该往哪边转身才好。

猎人激动得双手发抖。

砰！砰！没打中。

砰！砰！又没打中。

还是别开枪了，放过一两只丘鹬吧。需要定定神。

好了，手不抖了。

现在可以开火了。

在幽暗的森林深处，一只猫头鹰声音嘶哑地怪叫一声。一只睡眼蒙眬的鸫鸟吓得惊慌失措地尖叫起来。

天黑了，很快就不能开枪了。

终于又传来了叫声：

“茨勒克！茨勒克！”

在另外一边也响起了：“茨勒克，茨勒克！”

两只丘鹬恰好在猎人的头顶上方碰到了，立刻打了起来。

“砰！砰！”这回放的是双筒枪，两只丘鹬都掉了下来。

一只蜷缩成一团，另一只转啊转，正好落到猎人脚旁。

现在该走啦。

趁还看得见小路，应该赶到鸟儿求偶鸣叫的地方去。

松鸡求雌鸣叫的地方

夜晚，猎人坐在森林里吃东西，喝水壶里的水。这时可不能生火，火光会把鸟儿吓跑的。

用不着等多久，天就要亮了。松鸡很早（天亮之前）就开始求偶。

在寂静的黑夜里，一只猫头鹰瓮声瓮气地叫了两声。

你会把求偶的松鸡吓跑的！

东方露出了鱼肚白。在某个地方，一只松鸡用低得刚

刚听得见的声音唱了起来。它“特克，特克”地叫着。

猎人一跃而起，侧耳细听。

又一只松鸡叫了起来。它就在附近，离猎人大概只有一百五十来步远。第三只……

猎人谨慎地移动着脚步，悄悄靠近。手里拿着枪，扳起扳机，双眼紧盯着高大的、黑黝黝的枞树。

“特克，特克”的叫声停住了，一只松鸡婉转地啼鸣起来。

猎人纵身跳离原先站着的地方，往前蹦了三大步，然后就纹丝不动了。

啼鸣声停止了。一片寂静。

现在松鸡警觉了，它在倾听。这家伙可灵了，只要稍微碰响树枝，它就会扑腾着翅膀冲开去，消失得无影无踪！

它什么也没听见，于是又“特克，特克！特克，特克”地叫了起来。仿佛两根响木相互轻轻击打似的。

猎人停止不动。

松鸡又啼鸣起来。

猎人向前一蹿。

松鸡嘎吱一声，啼啭声中断了。

猎人的一只脚还没落地，他再也不敢动了。松鸡默不作声，它在倾听。

然后，它又从头唱起来：“特克，特克！特克，特克……”

如此反复了好几次。

现在猎人离松鸡已经很近了，松鸡就落在这几棵枞树上，离地不远，在半树腰的位置。

它在忘情地唱着，稀里糊涂的，现在你哪怕是嚷，它也听不见了！

可是，它到底藏在哪里呀？在黑压压的针叶林里，什么也看不见呀！

哈哈！原来在这里！在一棵枝叶茂密的枞树枝上，就在猎人身旁，相距不过三十来步远。瞧：长长的黑脖子，长着山羊胡子的鸟脑袋……

声音停止了，现在绝不能动弹……

“特克，特克！特克，特克！”接着，又响起了嗬哧声。

猎人举起枪。

瞄准黑色侧影，这是只长着山羊胡子的大鸟，它的尾巴像大扇子似的铺展着。

必须挑要害处打。

要是霰弹打在松鸡紧绷的翅膀上，会滑掉，伤不了这只结实的大鸟。最好是打它的脖子。

砰！

烟雾遮住了眼睛，什么也看不见，只听到松鸡沉重的身体落了下来，压断一根根树枝。

嘭的一声，它掉在了雪地上。

好大一只雄松鸡！身材硕大，通体乌黑，至少有五公斤重！眉毛通红，恰似浸透了血……

森林剧院

琴鸡求偶聚集场

剧院坐落在一块很大的林中空地上。太阳还没升起，人们却看得一清二楚，因为这是白夜[①]。

身上长着麻斑的雌琴鸡们聚拢来看戏。它们有的在地上吃东西，有的老老实实地蹲在树上。

它们在等待演出开始。

瞧，一只雄琴鸡从树林里飞到了空地上。它通体乌黑，翅膀上长着几条白斜纹。它是求偶场上的男主角。

它用两只圆溜溜的黑眼睛，机警地打量着求偶场……

① 白夜是指高纬度地区的“明亮的夜晚”，是太阳处于地平线之下，“夜晚仍然明亮”的现象。这是由于大气对阳光的折射和散射作用的结果。圣·彼得堡市（即苏联的列宁格勒）每年夏至前后都会出现白夜，这种状况会一直持续到 7 月中旬左右。

空地上除了看戏的雌琴鸡，谁也不在。

咦，那边怎么冒出了矮树丛？昨天好像还没有啊？难道一天一夜的工夫，就会长出一米高的枞树来？真是胡扯。看样子是自己没记清楚……唉，人老了，记性也差了。

该开场啦。

男主角又打量了一下观众，然后朝地面微微垂下脖子，竖起华丽的大尾巴，翅膀斜斜地拖在地上。

它口中念念有词，我们好像听到它说："我要卖掉皮大衣，买件外套，买件外套！"它挺直身子，看了看求偶场，又喃喃自语道："买件外套！买件外套！"

咚！又有一只雄琴鸡飞到求偶场上来了。

咚！咚！雄琴鸡接二连三地飞过来，结实的脚爪蹬得地面咚咚响。

哟呵，这下可把男主角气坏了！

它浑身的羽毛直立。脑袋紧贴在地上，尾巴像扇子似的铺张开来，

口里发出一连串怪叫：

“丘呋，丘！丘呋，呋！”

这是在挑战：“不爱惜羽毛的家伙，请过来吧！”

在求偶场的另一端，一只雄琴鸡应答道：“丘呋，丘！丘呋，呋！我们不是胆小鬼，不信就跑过来试试！”

“丘呋，丘！丘呋，呋！”瞧，这里有二三十只雄琴鸡，多得数不过来！任凭你挑，每只都做好了战斗的准备。

雌琴鸡静悄悄地蹲在树枝上，似乎对演出丝毫不感兴趣。多么狡猾的美人啊。戏是为它们开演的。这些尾巴似翅膀、眉毛红似火的黑色斗士们，也是为了它们才飞到这儿来的！

每一个黑色斗士，都想在美人面前展示自己的勇敢大胆。瘦弱笨拙的胆小鬼滚到一边去吧！只有大胆机灵、勇猛无畏的斗士，才配得上美人儿。

战斗开始啦……

满场只听见雄琴鸡叽里呱啦的挑战声。

它们朝地面微微弯下脖子，蹦蹦跳跳地聚拢到一起……

两只雄琴鸡碰了头，嘴巴对着嘴巴，朝对手的脸上啄去。

“丘啦，啦！”相互恶狠狠地刺过去。

天慢慢变亮了。白夜的透明薄幕在舞台上冉冉升起。

枞树丛中闪烁着金属的亮光。这些求偶场上的枞树到底是从哪里来的呀?

这会儿，雄琴鸡可顾不上这些树丛。每只雄琴鸡都在忙于战斗。

男主角离枞树丛最近。它已经在跟第三个敌手对阵了。头两个早就被它打跑了。它是当之无愧的男主角，整个森林里也找不出比它更强悍的了。第三个敌手既勇敢大胆，又动作敏捷，它跳起来给了男主角迎面一击。

“丘啦，啦！”男主角用嘶哑的嗓音穷凶极恶地吼道。

树枝上的美人儿都伸长了脖子观看，这才叫演出，这才是真正的战斗！这只不会被吓跑的，说什么也不会被吓跑的。两只雄琴鸡又纵身跃起，结实的翅膀扑腾得噼啪作响，在空中扭成一团。

啄了一下，又一下，都来不及看清是谁啄谁。两只雄琴鸡一齐摔在地上，又都向旁边跳开了。年轻的那只，折断了两根翅膀上的硬翎，破碎的蓝色羽毛挂在身上；年长的那只，火红的眉毛上流着血，一只眼睛给啄瞎了。

树枝上的美人们急得坐立不安。谁赢了？难道年轻的战胜了年长的？

多么英俊的小伙子啊：密集的羽毛闪着蓝光，尾巴色彩斑斓，翅膀上的斜条纹绚丽夺目！

瞧，它俩又一跃而起，扭作一团。年长的占了上风！

又摔倒了，向两边跳开了。

又鏖战在一起。年轻的占了上风！

决战的时刻到了。瞧……

逼拢了，又蹦开了！

又跳到一起，扭成一团。

砰！一声雷鸣似的枪声在森林里轰传着。一团白烟从小枞树丛里冒了出来。

求偶场上的搏斗暂时停止了。树上的雌琴鸡伸长脖子愣住了。

雄琴鸡惊讶地扬起红眉毛。

发生什么事了？

什么事也没发生，一切平安。

没看见陌生人。

万籁俱寂。小枞树上的烟雾散了。一只雄琴鸡一回头，正瞧见敌人站在面前。它一跃而起，照准敌人的脑门猛啄过去。

演出继续进行。雄琴鸡们成双捉对地厮杀着。

可是树枝上的美人们看见，年长的男主角和它的年轻对手双双倒地而死。

难道它俩互相把对方打死了吗?

演出在继续。应该接着看舞台上的演出。现在哪一对最有趣?今天哪一个黑斗士会成为最终的胜利者?

……

当太阳升到森林上空、剧院里空无一人的时候，一个猎人从枞树枝搭成的小棚子里走出来。他首先捡起了老雄琴鸡和它的年轻对手。这两只雄琴鸡浑身浸透了血，从头到脚都被霰弹击中了。

猎人把它们塞入怀里，又捡起被他打死的三只雄琴鸡，背起枪，踏上了回家的路。

他穿过森林的时候，一直凝神细听，不时朝四周张望，生怕遇到人……今天他做了两件昧良心的事：第一，他在法律所不允许的时间段，向求偶场上的雄琴鸡开了枪；第二，他打死了年长的男主角。

明天，森林空地上的戏演不成了。没有了男主角，谁来带头演戏呢?

求偶场上的生活被毁坏了。

发自本报特派记者

祖国各地播报

无线电呼唤

请注意！请注意！

我们是列宁格勒《森林报》编辑部。

今天是3月21日，春分。我们将举办一次祖国各地无线电播报。

呼叫东方，南方，西方，北方！

呼叫冻原带，原始森林，草原，大山，海洋和沙漠！

请报告你们那里的情况。

喂！喂！这里是北极

今天，我们这里在过节：经过无比漫长的冬天之后，第一次出了太阳！

第一天，太阳只露出海面一个头，一个小圆顶。几分钟之后就躲了起来。

过了两天，太阳露出半边脸。

又过了两天，太阳终于升高了，整个脱离了海面。

现在，我们也可以过过短暂的白天了。虽然从早到晚总共只有一个小时，不过没关系，光明将会经常光顾：明天，白天会比今天长；后天，白天会更长。

我们这里的水面和陆地都覆盖着厚厚的雪和冰。北极熊在冰洞（即熊窝）里酣睡。不管在什么地方，都长不出一棵绿芽，也见不到一只飞鸟。严寒与暴风雪肆虐。

这里是中亚

我们已经种完了土豆，开始种棉花了。我们这里的太阳很猛，晒得街上尘土飞扬。桃树、梨树和苹果树都开花了，而扁桃、干杏、白头翁和风信子的花已经凋谢了。开始了栽种防风林带的工作。

在我们这里过冬的乌鸦、白嘴鸦和百灵鸟，都飞到北方去了。在我们这里度夏的家燕和白肚皮的雨燕等都飞回来了。红色的野鸭已经在树洞和土洞里孵出了小鸭。小野鸭跳出巢，开始在水里游泳。

这里是远东

我们这里的狗，已经从冬眠中醒来了。

不，不，你没有听错，说的就是狗，既不是熊，也不是土拨鼠，更不是獾。

你以为无论在什么地方狗都不会冬眠吧？可我们这里的狗就是要冬眠，冬天一直睡觉。

我们这儿有一种特殊的狗——野狗。它的个头比狐狸矮一点，双腿短小。棕色的狗毛浓密细长，把耳朵都遮掉了。冬天，它像獾一样钻进洞里睡觉。现在它睡醒了，开始抓老鼠和鱼。

它的学名叫作浣熊狗，因为它长得很像美洲的小熊：浣熊。

在南部沿海，我们开始捕捉扁身子的鱼：比目鱼。在乌苏里边区的茂密森林里，小老虎出生了。它们已经睁开了眼睛。

最近我们在等待远道而来的“旅行鱼”，它们将从远洋游到我们这儿来产卵。

这里是乌克兰西部

我们在播种小麦。

白鹳从非洲南部飞回到了我们这里。我们希望它们住在房顶上，因此我们把沉重的旧轮胎拖到屋顶上，供它们筑巢。

现在，白鹳衔来大小不一的树枝，放到轮胎上，开始筑巢了。

养蜂人焦急不安，因为金黄色的蜂虎飞来了。这种体态优雅、色彩绚丽的小鸟专爱吃蜜蜂。

喂！喂！这里是冻原带，是雅马尔半岛

我们这里还是名副其实的冬天，嗅不到一点春天的气息。

一群驯鹿正在用蹄子扒开积雪，敲碎冰块，寻找苔藓吃。

乌鸦迟早会飞来的！每年4月7日，我们都庆祝“乌格嘉·亚列”节，即“乌鸦节”。我们把乌鸦飞来的这天当作春天的开始，就好比你们列宁格勒人把白嘴鸦飞来的这

天当作春天的开始。我们这里根本见不到白嘴鸦。

这里是新西伯利亚原始森林

我们这里的气候跟你们列宁格勒很相似，也位于原始林带，盛产针叶林和混合林。这种原始林带横贯我国国土。

白嘴鸦夏天才飞到我们这儿。这里的春天从寒鸦飞来的那天算起：寒鸦冬天飞走，春天第一个飞回来。

我们这里的春天很舒服，但很短暂，一眨眼就过去了。

这里是外贝加尔草原

一群群脖子粗粗的羚羊，往南方去了。它们离开这儿前往蒙古。

冰雪消融的头几天，对它们来说是真正的灾难。白天，雪化了；夜晚，水又冻成了冰。平坦的草原变成一个地地道道的溜冰场。羚羊光滑的蹄子踩在冰上滑溜溜的，仿佛踩在玻璃镜上一般，四只蹄子朝四个方向跑。

可是，像风一样快的羚羊腿是羚羊的立身之本呀！

现在，在这春冻时节，不知道有多少只羚羊，会死在狼和其他猛兽的魔爪下！

这里是高加索山区

在我们这儿，春天先到低的地方，再到高的地方，一步步地向冬天发起进攻。

山顶上雪花飘飘，山下的谷地里却雨水绵绵。小溪淙淙地流淌着，第一次春汛来临了。河水暴涨起来，冲出了河岸。湍急的浑浊河水奔向大海，沿途卷走了一切 。

在山下的谷地里，百花盛开，树叶舒展开身姿。绿色植被沿着阳光充足的暖和的南山坡，一天天朝山顶挺进。

飞禽、啮齿动物和食草动物，都跟随着绿色植被朝山顶进发。狼、狐狸、森林野猫和人人都害怕的雪豹，也追随着牡鹿、牝鹿、兔子、野绵羊和野山羊的足迹往山上跑。

冬天退居山顶，春天紧追不舍，所有的生物都跟随着春天上山了。

喂！喂！这里是大海，这里是北冰洋

在洋面上朝我们漂来冰块以及整块的冰原，一些两肋漆黑、通体呈浅灰色的海兽躺在冰上。这是格陵兰雌海豹，它们将在这里，在这寒冷刺骨的冰面上，产下雪白的小海豹。小海豹毛茸茸的，长着黑鼻子、黑眼睛。

小海豹得过段时间才能下海。因为它们还不会游泳，所以得在冰上待好多天。

黑脸黑腰的老格陵兰雄海豹，也爬上了冰原。它们那淡黄色的短毛硬邦邦的，纷纷往下掉。在换好毛之前，它们得躺在冰上漂流些日子。

瞧，侦察员们乘着飞机巡视海面，他们在侦察，哪里的冰原上有带着小海豹的雌海豹，哪里的冰原上躺着换毛的雄海豹。

返航以后，他们向船长报告，哪里的海豹最多。海豹们密密麻麻地躺在一起，把身底下的冰都遮住了。

于是，一艘载满猎人的特制轮船朝那里开去。船只在一块块冰原之间迂回穿梭。他们捕捞海豹去了。

这里是黑海

我们这里没有土生土长的海豹。很少有人有幸看到这种海兽。它从水里露出长达三米的乌黑脊背，嗖地一下不见了。这是一只地中海海豹，经过博斯普鲁斯海峡，碰巧游到我们这里来了。

不过，我们这里盛产另外一种海兽：快乐的海豚。对于在巴统城附近的人们来说，现在正是捕捞海豚的最佳

季节。

猎人们乘坐小汽艇出海，仔细观察从四面八方飞来的海鸥的飞行方向和集结地。海鸥在哪里聚成群，哪里就会出现一群群的小鱼。海豚也一定会到那里去。

海豚非常喜欢玩耍：宛如马在草地上打滚，它们也在水面上翻腾，有时还一只接一只地跃出水面，在空中翻跟头。不过，现在可不能靠近它们开枪，它们会被吓跑的。请到它们会餐的地方去。当它们大快朵颐的时候，把汽艇开到离它们只有10～15米远的地方。必须眼明手快，抓紧开枪，马上把打中的海豚拖到船上来，否则死海豚会沉入海底。

这里是里海

我们里海北部冰天雪地，所以这里有很多海豹的冰穴。不过，我们这里的小海豹已经长大了，换过了毛，先变成深灰色的，然后又变成棕灰色的。海豹妈妈越来越少地钻出圆圆的冰窟窿，这是它们最后几次给小海豹喂奶了。

海豹妈妈也开始换毛了。它们必须游到其他冰块上去，游到一群群雄海豹躺着的地方去，跟它们一起换毛。它们身子底下的冰已经在融化、破裂。它们只得爬上岸，躺到沙洲或浅滩上，换完剩余的毛。

里海鲱鱼、鲟鱼、白鲟鱼和许多其他爱旅行的鱼，成群结队地从海里各处游来，游到伏尔加河、乌拉尔河的河口附近。它们待在那里，等待这几条河流的上游解冻，等待从河流里冲下来的淡水。

那时，它们就要忙碌起来：它们一群群地、你冲我撞地逆流而上，急匆匆地赶到它们的出生地去产卵。那些地方，都在上述几条河流的遥远的北部，在它们大小不一的支流里。

沿着伏尔加河、卡马河、奥卡河、乌拉尔河及其支流，渔民们布下天罗地网，准备捕捞这些不遗余力赶回故乡的鱼儿。

这里是波罗的海

我们这儿的渔民也整装待发，准备去捕捞小鳁鱼、小鲱鱼和鳘鱼。而在芬兰湾和里加湾，只要冰一融化，就将开始捕捞鲑鱼、胡瓜鱼和白鱼。

海港陆续解冻，轮船从港口出发，开始长途航行。

世界各地的船只纷纷向我们驶来。冬天马上就要结束了，波罗的海的欢乐时光即将来临。

喂！喂！这里是中亚细亚沙漠

我们这里的春天也很欢快祥和。经常下雨，天还不太热。不知名的小草从四面八方，甚至从沙地里钻出来。

树木长出了新叶。沉睡了一冬的动物从地底下爬出来。屎壳郎和象鼻虫也飞来了；闪亮的吉丁虫布满灌木丛。蜥蜴、蛇、乌龟、土拨鼠和跳鼠，纷纷从幽深的洞穴里钻出来。

黑色的大兀鹰成群结队地从山顶飞下来捕捉乌龟。

兀鹰善于用它那长长的弯嘴，把乌龟肉从龟壳里啄

出来。

春天的客人飞来了：有小巧玲珑的沙漠莺，有能歌善舞的鹟（wēng），有形态各异的百灵鸟，分别是鞑靼大百灵、亚细亚小百灵、黑色百灵、白翅膀百灵和凤头百灵。空中飘荡着它们的歌声。

在明亮舒适的春天，连沙漠都称不上是死气沉沉的，那里有多少生机勃勃的生命呀！

来自祖国各地的无线电播报到此结束。下次播报将于6月22日举行。

打靶场

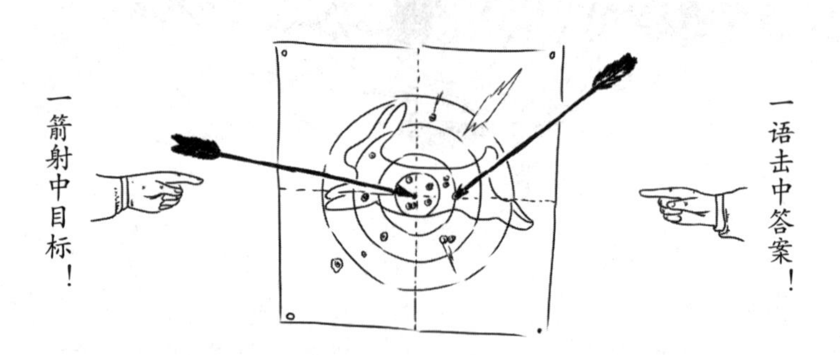

第一场比赛

1. 根据日历，春天从哪一天开始？
2. 哪一种雪更快融化：洁白的雪还是肮脏的雪？
3. 为什么春天人们不猎杀毛皮兽？
4. 春天谁最先出现：蝙蝠还是飞虫？
5. 在我们这儿，春天哪种花最先绽放？
6. 春天，森林里哪种鸟的羽毛明显变色？
7. 什么时候最容易发现雪兔？
8. 小兔子出生时，眼睛是睁着的还是闭着的？

9．这里画了两棵松树：一棵长在茂密的树林里，另一棵长在开阔的地方。你能看出，哪一棵树长在什么地方吗？

10．什么野兽的体形是我们这里最小的？

11．什么鸟的体形是我们这里最小的？

12．这里画了三种各不相同的鸟的嘴巴：一种吃昆虫，一种吃谷粒和野果，还有一种吃小兽和小鸟。你能根据鸟嘴分辨出，哪种鸟吃哪种食物吗？

13. 在我们这儿的鸣禽中，哪一种雄的是黄色，雌的是绿色？

14. 这棵树的中段被兔子啃光了树皮。兔子怎么能够啃到那么高的树皮？它为什么不从下部、从树根处开始啃呢？

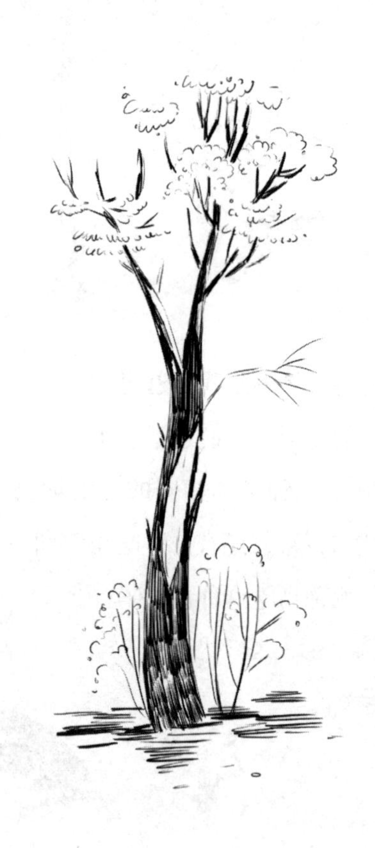

15. 一年中哪两天，太阳在天上高挂十二小时？

16. 什么东西头朝下生长？

17. 不用生炉子，不用点柴火，却让人周身温暖。（谜语）

18. 静悄悄地飞，静悄悄地坐，死后才高声尖叫。（谜语）

19. 乌黑的马儿在飞奔，可车辕还留在原地。（谜语）

20. 老大娘冬天穿白棉袄，春天穿花衣裳。（谜语）

21. 冬天温暖，春天腐烂，夏天死去，秋天渐渐复活。（谜语）

22. 昨天经历了什么，明天又将出现什么？（谜语）

23. 不是树，却有很多枝杈。（谜语）

24. 得写多少个A，才能得到一种鸟？（谜语）

通　告

诚求住房

我们已经来到这里。诚求用结实木板钉成的独立小房子，木板厚度不得低于2厘米。房子朝南，高32厘米，面积15厘米×15厘米。入口5厘米宽，离地高度为23厘米。

求购方 椋鸟

最近几天，我们即将到达。诚求菱形小房子，面积12厘米×12厘米，入口4厘米宽。

求购方 白腹鹟和红尾鸲

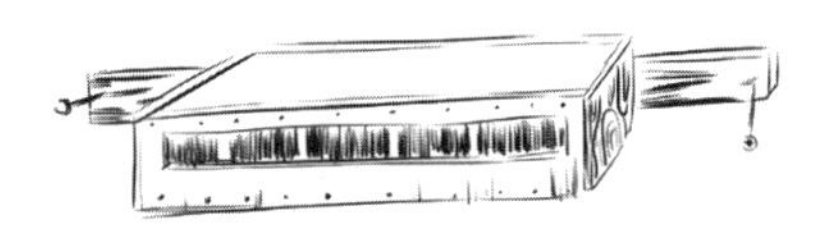

我们将于5月份到达。诚求里面有隔板的房子，隔成三个房间。面积12厘米×36厘米，入口开在屋檐下，4厘米宽。

求购方 雨燕

诚求木板房，高11厘米，面积11厘米×11厘米，入口4厘米宽，离地高度为7厘米。

求购方 白鹡鸰（我们已经到达）

灰鹟（我们将于5月份到达）

哥伦布
俱乐部

第一个月

春分前的大街上，暴风雪大作，顽皮地在街头巷尾呼啸，把潮湿的雪花抛在窗玻璃上。行人们迎着冰冷的寒风，深深地弓着背，双手紧紧抓住竖起的衣领。暮色降临了。

在《森林报》编辑部明亮温暖的房间里，一只淡黄色的小鸟在婉转地歌唱。在挂在窗台上的鸟笼里，鸟儿用特别悠扬动听的歌声，迎接每一位走进屋子的少年森林报记者，似乎希望他们走到鸟笼旁，还给它早已失去的自由。

高年级的同学们，即少年自然科学家小组的成员们，聚集在《森林报》编辑部。他们一共有十一人：五个男孩、五个女孩和一位组长。组员们互相交谈了几句，然后郑重宣布哥伦布俱乐部成立。

俱乐部的名称是孩子们自己想出来的。

因为大家是在课余时间自愿聚到一起的，所以叫作俱乐部；因为俱乐部的全体成员都是新大陆的首批发现者，或者他们希望成为首批发现者，所以把成员叫作少年哥伦布。

人们会问，既然我国国土早已开发，全部疆域已众所周知，那么如何能成为哥伦布那样的发现者呢？

哥伦布俱乐部的成员们齐声回答：

“哦，不是这么回事。重要的不是已发现，而是谁发现、为谁发现。”

例如，克里斯托弗•哥伦布发现了美洲。他是意大利人，在西班牙干活，是位旧大陆的居民。为了旧大陆，他发现了新大陆——美洲。而对于美洲的土著居民印第安人来说，美洲一直是旧大陆，即使在哥伦布发现美洲后，它也没变成新大陆。与之相反，我们的旧大陆对于那时的印第安人来说，是完全未知的新大陆。

有一些索然无味的人，对于他们来说，一切新的都是旧的。而我们是这样一群人，对于我们来说，一切旧的都是新的。我们的祖国无论如何开发，都是开发不完的。如果在老年居民疲惫的眼睛里，祖国是熟悉的、一成不变的，因此也就似乎是无趣的；那么在我们年轻的、好奇的眼睛里，在我们求知欲旺盛的脑海里，祖国就变成了全新的、奇妙的、充满未知的世界。在我们看来，祖国是全新的、美妙的、充满奥秘的，也就是说，我们是自己国土上真正的哥伦布。

必须解释一下，我们为什么不称自己为“少年自然界研究者”，而自称为“少年自然科学家”？

道理很简单！走进任何一个“少年自然界研究者”小组，你看到的都是关在笼子里的小鸟，关在笼子里的小兽，养在饲养室里的蜥蜴、蛇，关在养虫室里的昆虫，栽在盆里的花，也许，你甚至会看到蔬菜暖房。少年自然界研究者照顾动物，对植物做米丘林式的实验，培植巨型蔬菜和水果，在生物角、专门的实验室、菜园、花园里劳动。少年自然界研究者是一些少年农艺师、畜牧家、园艺家。

这一切非常有趣、有益，也很有必要。但这只是工作的一部分，还有另外一部分内容：研究。也就是说，除饲养和培植之外，还要对田野、森林里（即自然状态下）的野生动植物进行深入研究，而不是只关注笼子里的、实验室里的动植物。

我们认为，我们这个《森林报》附属的研究小组的主要任务，是观察自然条件下动植物的生存状况，进行森林野外考察。因此，我们是试验者，是侦察兵，是少年自然科学家。

在俱乐部的第一次会议上，我们立即做出决定，学期一结束，俱乐部全体成员马上出发去“穷乡僻壤”，从科学和艺术的角度对这一地区进行考察。俱乐部成员中既有画家，也有诗人。大家还通过决议，在下次会议上从地图上选定目的地，制订出详细的考察工作计划。今后不断地向《森林报》投寄考察报告。

初出茅庐的哥伦布们憧憬着即将到来的旅行，感到热血沸腾。大家想立刻出去买冰激凌，喝热茶。

我们派出长着浅色鬈发的米露琪卡和快乐的沃洛佳一起去买冰激凌。在暴风雪的天气里，要在街上找到冰激凌可不是一件容易的事。电炉上的茶已经沸腾起来；受到众人喜爱的莱姆琪卡、活泼好动的多拉和好幻想的、丰满的廖列琪已经把糖、杯子和茶碟摆放在编辑的桌子上；热情的猎人尼古拉和沉稳的大力士安德烈已经开始争论，离列宁格勒最近的“穷乡僻壤”在哪里，他们让刚刚由俱乐部主席团选出来的研究组小组长解决纷争。可是，派出去买冰激凌的人还没有回来。

喧闹声中，喜欢吃甜食的胖子巴甫洛沙打起了盹儿，年轻的诗人斯拉维米尔编了首五言诗，眼神灵活的希格利特画完了俱乐部成员的画像。这时，脸颊冻得通红的米露琪卡和沃洛佳终于回来了。于是盛宴开始了。

大伙儿都站了起来，热情似火的诗人斯拉维米尔，大家都叫他红头发的夜鹰，朗诵了他刚写完的欢迎词：

年轻的哥伦布
和永恒的新大陆万岁！
探究的眼睛和智慧
将永远保佑我们！

大家互相祝贺，啃着融化的冰激凌，喝着渐渐冷却的茶。

哥伦布俱乐部第一次会议到此结束。

SENLINBAO 森林报

NO.2

［春季第二月］返回故乡月

4月21日—5月20日 太阳转入金牛宫

一年：十二个月的太阳史诗——4月

4月，请点燃雪！4月还在沉睡，春风却已轻拂，预示着天气将变暖和。等着瞧吧：还会发生点儿新鲜事！

在这个月里，水从山上潺潺流下，鱼儿活蹦乱跳。春天把大地从雪底解放出来后，将完成它的第二项职责：把水从冰底解放出来。由雪水汇聚成的小溪，悄悄流入小河，河水上涨，挣脱了冰的束缚。春水奔流，在谷地上肆意地泛滥开来。

饱饮了春水和温暖雨水的大地，穿上了缀着五颜六色的娇美雪花[1]的绿色外套。森林却依旧光秃秃地站在那里。它在静静地等候，等待春天的眷顾。不过，树汁已开始暗暗地流动，幼芽灌满了浆，地上的花开了，半空中枝头的花也开了。

① 一种春天的花。

鸟类返乡大搬迁

候鸟纷纷大批地从越冬地起飞。它们的返乡之旅严谨有序，鸟儿们排列整齐，依次而归。

今年，候鸟飞临时所经过的空中线路和飞行次序，依然和几千年、几万年和几十万年前它们的老祖宗所确立的一样。

最先动身的，是去年最后飞离的鸟。最后起飞的，是去年秋天最先飞离的鸟。色彩最艳丽华美的鸟最晚飞来，它们必须等到新鲜的青草和绿叶长出之后才能来。因为在光秃秃的大地和树枝上，它们太引人注目了。现在在我们这里，它们还找不到掩蔽物来躲避猛兽和猛禽这些天敌的袭击。

鸟类的海上长途飞行航线，正好穿越我们列宁格勒市和列宁格勒州的上空。这条航线被称为“波罗的海航线”。

这条海上长途航线的一端是阴沉沉的北冰洋，另一端是百花盛开、阳光明媚的炎热区域。无数海上和海滨的飞鸟，按照各自的行程和队形，组成连绵不绝的长队在空中飞翔。它们沿着非洲海岸飞行，飞越地中海、比利牛斯半岛和比斯开湾海岸，飞渡海峡、北海和波罗的海。

一路上，它们经历了无数的困难和灾难。浓雾像一堵墙似的突然出现在这些飞翔的旅行者面前。它们在潮湿的、昏暗的空中迷了路，匆忙中一头撞上了看不见的锋利岩石，摔得粉身碎骨。

海上的暴风雨打掉了它们的羽毛，折断了它们的翅膀，把它们吹到远离海岸的地方。

不期而至的寒冷把海水冻成冰，有些鸟在饥寒交迫中死去。

成千上万只鸟死于贪馋的猛禽雕、鹰和鹞的利爪。

在这一季节，许多猛禽聚集在海上长途飞行航线上，不费吹灰之力，就可以捕获丰盛的猎物。

也有数百万只候鸟，死在猎人的枪口下（在这一期的《森林报》上，我们将刊登在列宁格勒附近打野鸭的相关报道）。

但是，什么也阻挡不住长着翅膀的旅行者那前赴后继的队伍。它们穿透浓雾，冲破一切障碍，朝着故乡、朝着故巢飞来了。

我们这里的候鸟，并非全部在非洲过冬，也并非都沿着波罗的海航线飞行。有些候鸟从印度飞来，扁嘴鳍鹬则在更远的美洲过冬。它们急不可待地穿越整个亚洲，朝我们飞来。从它们过冬的住处，到阿尔汉格尔斯克附近的故巢，大约需要飞行1500公里，耗时将近两个月。

戴着脚环的鸟

假如你打死了一只戴着金属脚环的鸟，那么请你摘下这只金属环，把它寄到中央鸟类保护局，地址是：莫斯科，K-9，赫尔岑大街6号。请你附上一封信，说明你何时何地打死了这只鸟。

假如你抓到戴着脚环的鸟，那么请你抄下脚环上压出的字母和号码，把鸟放生，然后写一封信，向上述机构报告你的发现。

假如不是你射杀或捕捉了戴脚环的鸟，而是你认识的猎人或捕鸟人，那么请你告诉他应该怎么办。

科学家们把一种分量很轻的金属环（铝环）戴到鸟的脚上。环上的字母表明，这个脚环是由哪个国家的科研机构给戴上的。在科学家的日记本里，也记载着与脚环号码相同的号码，表明他于何时何地给这只鸟戴上脚环。

科学家们用这种方法来探索鸟类生活的惊天秘密。

例如，在我国遥远的北部，给一只鸟戴上了脚环，后来，它落到非洲南部，或者印度，或者其他地方的某人手里。那人从那里寄回了从鸟脚上取下的金属环。

不过，并非所有的候鸟都飞到南方去过冬：有的飞到西部，有的飞到东部，有的甚至飞到北部去过冬。通过给候鸟戴脚环的办法，我们得知了候鸟的这一生活秘密。

森林中的大事

道路泥泞

现在郊外道路泥泞：无论是在林中小道，还是在村道，都无法乘坐雪橇和马车通行。我们很难得到来自森林的消息。

雪下浆果

在林中的沼泽地上，红莓苔子从雪底下钻出来了。农村的孩子们经常跑去采红莓苔子，他们说，经过严冬的陈年浆果比新浆果甜。

昆虫过枞树节

柳树开花了。它那枝节粗大的灰绿色枝条，完全被轻盈的鲜黄色小球遮住了。所以柳树浑身变得毛茸茸的，轻盈飘零，一副喜气洋洋的模样。

柳树开花了，这可是昆虫们的节日啊！在那漂亮的树丛周围，欢快热闹，像庆贺枞树节似的。熊蜂嗡嗡地飞着；糊涂苍蝇漫无目的地瞎忙；勤劳的蜜蜂弹拨着一根根纤细的雄蕊，采集花粉。

蝴蝶飞来飞去。瞧，长着雕花般翅膀的黄蝴蝶，叫作钩粉蝶；眼睛大大的棕红色蝴蝶，叫作荨麻蛱蝶。

瞧，一只黄缘蛱蝶落在了毛茸茸的小黄球上面，它用黑色翅膀遮住小黄球，把长嘴巴深深地插到雄蕊之间去汲取花蜜。

还有一簇树长在这一簇欢快的树丛旁，它也是柳树，也开着花。但是，这棵柳树的花完全是另外一副模样：相貌丑陋，长着乱蓬蓬的灰绿色小球果。昆虫也栖息在小球果上面。可是这棵树周围不像旁边那棵树周围那么热闹。不过，柳树的种子却正是在这棵树上结的。原来昆虫已经把黏糊糊的花粉，从小黄球上搬到灰绿色小球果上来了。

在每一棵长长的、像小瓶子似的雌蕊里，很快将结出种子来。

发自尼·芭芙洛娃

葇荑花序

葇荑花序绽放在大河小溪的沿岸和森林边上。它们不是开在刚刚解冻的大地上，而是开在被春天的太阳晒得暖洋洋的枝头上。

在白杨树和榛子树上，点缀着许多长长的浅咖啡色小穗。这些小穗就是葇荑花序。

它们早在去年就长出来了。不过，在冬天里，它们一直鼓囊囊的，停滞不长。现在它们舒展开来，变得松软而富于弹性。

只要碰一下树枝，它们就摇晃着喷出一股烟尘般的黄色花粉。

不过，在白杨树和榛子树的枝头上，除了会喷花粉的葇荑花序外，还长着另外一种花：雌花。白杨树的雌花是褐色的小球果；榛子树的雌花是粗壮的苞蕾。从苞蕾里露出一些粉红色的卷须，恰似躲在苞蕾里的昆虫所长的胡须似的，实际上这是雌花的柱头。每一朵雌花都有好几个柱头：两个、三个，有时甚至有五个。

现在白杨树和榛子树还没长出叶子，风在光秃秃的树枝间自由飘荡，把葇荑花序吹得东摇西摆，然后又撩起花粉，把花粉从一棵树吹到另一棵树上。粉红色卷须般的柱头吸收了花粉，于是这些怪模怪样的短胡子似的小花受了精。到秋天，它们将长成一颗颗榛子。白杨树的雌花也受了精，到秋天，它们将变成带有种子的小黑球果。

发自尼·芭芙洛娃

蝰蛇的日光浴

每天清晨，有毒的蝰蛇都爬到干树桩上晒太阳。它爬得很费劲，由于寒冷，它身体的血冰凉刺骨。

蝰蛇在太阳里晒暖了身子，变得活跃起来，就去捕捉老鼠和青蛙。

蚂蚁窝微微颤动起来

我们在一棵枞树下，找到一个大蚂蚁窝。因为没有看见一只蚂蚁，一开始我们还以为这不过是一堆垃圾和旧针叶，没想到是座蚂蚁城。

现在，“垃圾堆”上的雪化了，蚂蚁爬出来晒太阳。在长时间的冬眠之后，它们变得虚弱无力，黑乎乎地粘成一团，躺在蚂蚁窝上。

我们用小棍儿轻轻地拨弄它们，它们只勉强动了动，连用刺鼻的蚁酸来回射我们的力气都没有。

必须再等几天，它们才能再次开始劳动。

还有谁苏醒过来

蝙蝠和扁扁的步行虫、圆圆的黑色屎壳郎以及叩头虫等各种甲虫都苏醒过来了。叩头虫在表演它那令人费解的把戏：把它仰面朝天放着，它就把头啪地一点，腾空跃起，在空中翻个跟头，笔直地落在地上。

蒲公英开花了；白桦树被绿色的薄雾包裹着，马上就要出叶子了。

第一场春雨之后，粉红色的蚯蚓从土里钻了出来，羊肚菌和鹿花菌等新生的蘑菇也冒了出来。

在池塘里

池塘苏醒了。青蛙离开了淤泥里过冬的温床，产下卵，从水里跳上了岸。

与之相反，北螈刚从岸上回到水里。

在我们列宁格勒地区，人们把北螈称作“哈里同”。北螈是橙黑色的，拖着条大尾巴，与其说它像青蛙，不如说它像蜥蜴。冬天，它离开池塘到森林里过冬，藏在潮湿的苔藓里睡大觉。

癞蛤蟆也醒了，也产了卵。不过，青蛙的卵像一团团冻胶似的漂浮在水面，冒着小气泡，每个小气泡里有个黑色的小圆点。癞蛤蟆的卵却由一条细带子连成一串，黏在水底草丛上。

森林卫生员

冬天，有些飞禽走兽突然遭遇严寒，措手不及，冻僵了，被雪埋在下面。到春天，它们纷纷露了出来。可是它们不会在那里待很久的，因为熊、狼、乌鸦、喜鹊、埋粪虫和蚂蚁，以及其他森林公共卫生员，会把它们收拾走的。

它们是春花吗

现在已经可以找到许多开花的植物了，它们是三色堇、荠菜、遏蓝菜、蓼和欧洲野菊。

你可别认为这些草都跟春天开的雪花莲一样，是从地下钻出来的。雪花莲是“先露出点绿色的梗，然后用尽全身仅有的小小力气一舒展”，于是小花朵就问世了。

三色堇、荠菜、遏蓝菜、蓼和欧洲野菊从来不藏起来过冬。它们以盛开的花朵，勇敢地迎接冬天。等到蓝天重新代替了头顶的白雪天花板，它们就苏醒过来，花朵和蓓蕾也复活了。

去年晚秋，我们看到的那些草茎上的蓓蕾，现在都开成了花，正在草丛里望着我们呢。

依你看，它们还能算是春花吗？

发自尼·芭芙洛娃

白色寒鸦

一只白色的寒鸦住在小雅尔契克村的中学旁。它和普通寒鸦一起飞行。

即使老人们也从未见过浑身雪白的寒鸦。我们同学们都不明白，为什么会有白色的寒鸦。

发自中学生森林记者 波利亚·希尼茨娜

盖拉·马斯洛夫

编辑部的解释

有时普通鸟兽会产下浑身雪白的小鸟小兽。

科学家们把它们叫作患白化病的鸟兽。

患白化病的鸟兽分为两种：浑身雪白和部分雪白。患白化病的鸟兽的肌体里面，缺少染色素，也就是使羽毛和兽毛染色的色素。

家畜里面，患白化病的很多，如白家兔、白公鸡、白母鸡和白老鼠。

野生动物里很少有先天性白化病患者。

患白化病的野生动物，日子比家畜要难过千百倍。有的出生不久，就被亲生父母咬死了；有的一辈子受到同类的追捕和攻击。即使亲属把这种白色的畸形儿收留在队伍里，像小雅尔契克村的白寒鸦那样，它也活不长，因为它实在太显眼了，猛禽不会放过它。

珍稀的小兽

森林里，一只啄木鸟大声鸣叫起来。它叫得实在太响了，我一听就明白：啄木鸟遇到麻烦啦！

我穿过丛林，看见林中空地的一棵枯树上有个形状规则的窟窿，这就是啄木鸟的老窝。一只稀奇的小兽，正顺着树干朝鸟巢逼近。我看不出这是只什么野兽！它浑身灰色，尾巴既不长也不蓬松；圆圆的小耳朵，跟小熊的耳朵很像；长着一双又大又凸的鸟眼。

小兽爬到洞口，朝洞里瞅了瞅，显然是想吃鸟蛋……啄木鸟急忙朝它扑去！小兽向树后一躲，啄木鸟追了上去。小兽沿着树干盘旋而上。啄木鸟紧追不舍。

小兽越爬越高，可树干到顶啦，它再也爬不上去了！啄木鸟猛地啄它一口！小兽从树上纵身一跃，在半空中飞翔起来……

它张开四只小爪子，像片秋叶似的在空中飘浮。身子不时地朝两边摆动，转动着小尾巴以调整方向。它飞过草地，停在一根树枝上。

这时我才恍然大悟，原来它是一只会飞的小兽：鼯鼠。它的身子两侧设有皮褶子。它伸出四只爪子，打开皮褶子，就可以飞行了。它是我们森林中的跳伞运动员！只可惜这种小兽极其稀少！

发自森林记者 尼·斯拉德科夫

飞鸟传信

发大水啦

春天给森林里的居民带来许多灾难。雪快速融化，河水泛滥，淹没了河两岸。有些地方变成了真正的汪洋。动物受灾的消息不断从各处传来。兔子、鼹鼠、野鼠、田鼠以及其他住在地上和地下的小动物最遭罪了。水涌进住所，它们只好弃家而逃。

每一只小动物都在想方设法躲避水祸。

小鼩鼱跳出洞穴，爬上灌木丛，坐在那里等待洪水退去。它的样子可怜巴巴的，因为它饿极了。

当大水漫上岸的时候，鼹鼠差点给闷死在地下。它从地底下钻出来，蹦到水面游了起来，它必须找个干燥的地方。

鼹鼠是位优秀的游泳运动员。它一口气游了好几十米，才爬上岸。它心满意足，因为没有猛禽在水面发现它那乌黑发亮的皮毛。

它爬上岸后，又一帆风顺地钻到了地底下。

兔子上树

有只兔子遇到这么件事。

它住在一条大河当中的小岛上。每天夜里，它出来吃小白杨树的树皮；白天则躲在灌木丛里，以免被狐狸或者猎人发现。

这只兔子还小，也不太聪明。

它压根儿没有注意到，小岛周围河中的冰块正在噼里啪啦地裂开。

那天，兔子正安逸地躺在灌木丛下睡大觉。太阳晒得它暖洋洋的，它一点儿也没发觉河水在迅速上涨。一直到身下的毛湿了，这才惊醒过来。

它一跃而起，周围已是一片汪洋。

开始涨大水了。现在水刚漫过兔子的脚背，它慌忙往岛中央逃，那里还是干燥的。

可是，河水很快上涨。小岛变得越来越小，兔子急得来回乱窜。

它发现整座小岛很快就要淹没在水中了，可是它又不敢往湍急冰冷的河里跳。它不可能横渡过这条汹涌澎湃的大河的。

就这样过去了整整一天一夜。

第二天早晨，小岛只剩下一小块地方露出水面，一棵树干粗而多节的大树长在上面。这只吓得魂不附体的兔子，绕着树干乱窜。

第三天，河水已经涨到树下了。兔子开始往树上跳，可是每次都失败了，扑通一声掉到水里。

终于，兔子跳上了离地面最近的那根粗树枝。它凑合着坐在上面，耐心地等待洪水退去：河水已经不再上涨了。

它并不担心会饿死，因为老树皮虽然又硬又苦，但终归是可以吃的。

风最可怕。它猛烈地摇晃着大树，兔子几乎抓不住树枝。它仿佛是一个趴在轮船桅杆上的水手，脚下的树枝，好比船只的横骨在左右摇晃，脚下奔淌着幽深冰凉的河水。

大树、木头、树枝、麦秸和动物的尸体沿着宽阔的河流，从兔子身子底下漂过。

当它看到有只兔子随着波浪一上一下，慢慢地从它身旁漂过时，这只可怜的小兔子吓得浑身发抖。

那只死兔子的脚被一根枯树枝缠住了，它肚皮朝天，四脚僵直，跟树枝一起漂浮着。

兔子在树上待了三天。

水终于退了，兔子跳下了地。

现在，它只好留在河中间的小岛上了。一直等到炎热的夏天，河水变浅了，它才可以跑到岸上去。

松鼠乘船

在春水泛滥的草地上，一个渔夫撒下袋形渔网捕捞鳊鱼。他划着一只小船，在冒出水面的灌木丛中缓慢穿行。

他看见一只模样奇特的淡棕色蘑菇长在一棵灌木上。冷不防，那只蘑菇跳了起来，径直跳进渔夫的小船里。

这只蘑菇一到船里，立刻变成一只浑身湿透、毛发乱蓬蓬的松鼠。

渔夫把松鼠带到岸边，松鼠立刻跳出小船，欢蹦乱跳地跑进树林里。谁也不知道，它为什么会出现在水中的灌木丛上？究竟在那里待了多长时间？

连鸟类都在遭罪

当然，对鸟类来说，水灾没有那么可怕。但是，它们也饱受春汛的困扰。

浅黄色的鹀鸟在大水渠边筑了巢，在巢里产了蛋。春汛期间，鸟巢被冲坏了，蛋也给冲走了，鹀鸟只得另寻筑巢之处。

沙锥待在树上，急不可耐地等待大水退去。沙锥住在林中的沼泽地上，用长嘴巴插到柔软的泥土里寻找食物。它天生一双便于在泥地上行走的脚。如果让它在树干上站着，那么它就像狗站在栅栏上一样难受。

不过，它还得在树上待着，一直等到可以再次在柔软的沼泽地上行走，用长嘴巴在地上挖洞。它绝不会离开这块沼泽地！因为其他地盘已经被别的沙锥占领，它们是不会让它进去的。

意想不到的猎物

一天，我们的一位森林记者，同时也是一位猎人，悄悄地靠近一群栖息在湖上灌木丛后面的野鸭。他穿着一双高筒雨靴，轻轻地移动着脚步，漫上岸的湖水已经没到他的膝盖。

突然，一阵喧嚣声和泼水声，从他面前的灌木丛后面传来。紧接着，他看见一个怪物那长长的、光溜溜的灰脊背在浅水里晃动。他不假思索地用打野鸭的霰弹，对准这只不知名的怪物连开两枪。灌木丛后面的水一阵翻腾，泛起许多水泡，接着一片沉寂。猎人走过去，看见他打死的是一条长约1.5米的梭鱼。

在现在这个季节，梭鱼从江河湖泊游到被春水淹没的岸上，在草丛里产卵。

这里的浅水很暖和。小梭鱼从卵里孵出之后，就跟随着退下来的春水，游到江河湖泊里去。

猎人对此一无所知，否则他一定不会干违法的事。法律禁止猎杀春天游到岸边产卵的鱼，即使梭鱼和其他食肉鱼都不能打。

最后的冰块

冬天，一条冰道横穿小河，这也是集体农庄庄员驾着雪橇行走的道路。但是，春天到了，小河里的冰往上浮并裂开来。于是，这一段冰道就摇摇晃晃地顺流而下了。

这是一块肮脏不堪的冰，上面留有马粪、雪橇的车辙和马蹄印。冰块当中，还丢弃着一只马蹄铁。

一开始，冰块在河床里漂浮着。一些小白鸟（鹡鸰）从岸边飞到冰块上，捕食冰上的小苍蝇。

后来，河水漫上岸，冰块被冲到草场里。鱼儿在冰底下穿越，在春水泛滥的草场上来回游弋。

一天，一只瞎眼的黑色小野兽蹦出水面，并爬上了冰块。这是一只鼹鼠。春水淹没了草场，它在地底下无法呼吸，只好浮出水面。后来，冰块的一角恰好碰到干土丘，鼹鼠趁机跳上土丘，赶紧钻到土里面去了。

冰块继续向前漂浮。它越漂越远，最后漂进了森林，被一个树墩挡住了。林鼹鼠和小兔子等一大批受灾的陆栖小动物，立刻聚集到冰块上来。它们遇到了相同的灾难，都面临着死亡的威胁。它们又怕又冷，浑身颤抖，互相偎依在一起。

不过，水很快开始撤退了。太阳晒融了冰块，只剩下马蹄铁还留在树墩上。小野兽们爬上岸，四散着跑开了。

顺着小河、顺着大江、顺着大湖

人们利用流水运送冬天砍下来的木头，因此小河里密密麻麻地漂浮着原木。木材流送工人在小河流入大江、大湖的地方，筑了一道道浮栅，堵住小河口，并在那里把木材编成木筏，继续往前送。

在列宁格勒州的茂密森林里，流淌着几百条小河。其中不少河流入姆斯塔河。姆斯塔河流入伊尔明湖，然后流经宽阔的伏尔霍夫河，再流进拉多加湖。从拉多加湖又流入涅瓦河。

冬天，林业工人在列宁格勒州的茂密森林里砍伐原木；春天，他们把原木推进小河里。于是，那些原本不会动的木头开始沿着水上之路旅行。有时，一只木蠹蛾藏在树干里，于是它也跟着到列宁格勒市来了。

林业工人可以看见各种各样的趣事。

一位工人向我们讲述了这么一个故事：

一只松鼠坐在林中小河边的树墩上，两只前爪捧着大松果在啃。突然，一只大狗从树林里跑出来，狂吠着扑向松鼠。周围没有一棵可供松鼠攀爬的树。松鼠丢下松果，高高翘起毛茸茸的大尾巴，蹦跳着奔向河边。大狗紧追不舍。

这时，河里正密密麻麻地漂浮着原木。松鼠跳上离岸最近的木头，接着跳上第二根，然后跳上第三根。

狗激愤之下也跟着往上跳。难道又长又直的狗腿能在圆木头上跳跃吗？原木在水面上打着转。狗的后腿一滑，前腿也跟着一滑，掉到了水里。这时水流又送来一大批原木。一眨眼间，狗就不见了。

而那只轻盈机灵的小松鼠，不停地从一根原木跳到另一根原木，很快就跳到了对岸。

另外一位木材流送工看见一只棕色的野兽，爬上了一根单独漂浮着的大木头，它的身高有两只猫那么长，嘴里衔着一条大鳊鱼。

这只野兽坐在原木上，悠然自得地吃着大鱼，搔搔痒，打打哈欠，然后溜进了水里。

这是一只水獭。

冬天鱼儿在干什么

冬天，在数九寒冬的冰冷季节，许多鱼儿睡得正香。

鲫鱼和冬穴鱼早在秋天就钻到河底的淤泥里。鮈鱼和小鲤鱼在铺着沙子的洞穴里过冬。鲤鱼和鳊鱼在长满芦苇的河湾和湖湾的深坑里过冬。鲟鱼秋天就聚集到没完全结冰的大河底的洞穴里，挤作密密的一团。毕竟河越深，靠近河底的水就越暖和。

在本期的《森林报》上，你们也可以读到几乎不冬眠的鱼干些什么事。

上面所说的那些冬眠的鱼，现在都已经苏醒过来，迫不及待地开始产卵。

祝你一钓一个准

按照古代一种挺滑稽的习俗，对出发去打猎的猎人得说："祝你连根羽毛也捞不着！"与之相反，对出发去钓鱼的人得说："祝你一钓一个准！"

在我们读者中有不少钓鱼迷。我们不仅预祝他们成功，而且还准备用忠告和指南来帮助他们，告诉他们何时何地什么鱼容易上钩。

河开冻后，可以立刻把钓鱼竿垂到河底，用蚯蚓钓江鳕。等池塘里和湖里的冰一融化，就可以钓红鳍鱼。红鳍鱼喜欢躲在河岸边的草丛里。稍后，就可以捕捉圆腹鲦了。

水变清后，可以用渔网捕大鱼、用鱼饵钓小鱼。

著名苏联渔业专家库尼洛夫曾经说过："钓鱼人应该了解鱼类在一年四季和各种气候条件下的生活习性，这样，当他来到河边或湖边时，才能准确选择适合钓鱼的位置。"

随着春水退去，河岸显露，水也变清了，可以开始在下列地方钓梭鱼、硬鳍鱼、鲤鱼和鳜鱼：在小河口和小支流里；在浅滩和石滩旁；在陡岸和深湾旁，特别是在水里浸泡着乔木和灌木的地方；在鱼钩可以甩到航道当中的平静的、狭窄的水域；在桥墩下、小船或木筏上；在水磨坊的坝上。无论在深水里，还是在岸边灌木丛下的浅水里，都可以钓鱼。

库尼洛夫还说："从早春到深秋，在任何水域，都可以用带鱼漂的、适合钓各种鱼的钓鱼竿。"

从5月中旬开始，钓鱼人就可以在湖泊和池塘里用红虫子钓冬穴鱼；稍后，可以钓斜齿鳊、鳜鱼和鲫鱼。河岸的草丛旁、灌木丛旁和1.5米到3米深的河湾，都是钓鱼的最佳位置。不要在一个地方待太久。如果鱼不再上钩，就换到另一丛灌木旁，或者芦苇丛、牛蒡丛旁。驾着小船钓鱼更加方便。

待到小河里的水一变清，就可以在岸边钓各种鱼了。在平静的小河边，钓鱼的绝佳位置为：陡峭的岸边，水中留有树枝和灌木的河中心的洼地，岸边长有杂草和芦苇的小河湾。

有时候，由于河岸泥泞，周围都是水，很难接近小河湾和灌木丛。但是如果设法踩着草墩，或者穿着高筒雨靴走到岸边去，把鱼饵甩到牛蒡后或者芦苇丛里，就可以钓到很多鳜鱼和斜齿鳊。

当你沿着岸边走时，必须耐心寻找好地方。你必须拨开树丛，把钓鱼竿从树枝间伸出去，把鱼饵甩在人们还未钓过鱼的地方。

吸引钓鱼人的好去处还有：桥墩旁、小河口和水磨坊的坝上。在这些地方，钓鱼人总能找到鱼，成功地钓到鱼。

必须用豌豆、蚯蚓和蚱蜢作诱饵钓大鲤鱼，可以在岸边用普通的、带鱼漂的钓鱼竿钓；有时也可以用不带鱼漂的钓鱼竿钓。

从5月中旬到9月中旬，都可以用不带鱼漂的钓鱼竿钓鱼。

钓鲑鱼和淡水鳜的好地方是：大坑、河道弯曲的急流旁；平静无风的林中小河，周围堆满了被风刮倒的树木；岸边长有许多灌木的深水潭；堤坝下和石滩下。某些鳜鱼，必须在石滩和靠近暗礁的地方钓。

必须在离岸不远的、湍急的浅水中，或者在铺有砾石的支流中，钓小鲤鱼和一些不太大的鱼。

森林里的战争

森林部落之间，总是发生战争。我们派出特派记者，到战事前线采访。

首先，我们的特派记者到了长着白胡子的百岁老枞树国。每个老枞树战士，都有接在一起的两根电线杆那么高，有的甚至有三根电线杆那么高呢。

枞树国阴沉沉的。老枞树战士们笔直地站立在那儿，阴郁地一言不发。它们的树干，从根部到树梢都是光溜溜的，只偶尔有些弯弯曲曲的枯树枝，凸立在树干上。

在远离地面的高处，巨树们茂密的树枝缠绕在一起，编织成了一道密不透风的帘子，又似一座大屋顶，遮蔽住整个国家。阳光射不进厚厚的幕帐，下面一片昏暗，气闷难忍，散发出一股潮湿腐朽的味道。偶尔出现在这里的各种绿色小植物，也全都枯萎凋零了；只有灰藓和地衣对这个阴暗国度的生活感到满意。它们喝主人的血：树液，贪婪地黏附在那些在战争中牺牲的巨树的尸体上。

特约记者在这里没有看见一只野兽，也没有听见一声鸟鸣。他们只碰到一只离群索居的猫头鹰，它是为了躲避耀眼的太阳光才藏到这里来的。它被我们的记者吵醒了，浑身汗毛竖起，胡子颤抖，角状的钩形嘴发出可怕的啪嗒声。

不刮风的日子，在枞树部落的国度里，一片死一般的沉寂。每当风从树顶刮过的时候，这些直立挺拔的巨树，只是摇摇针叶茂密的树梢，气哼哼地发出嘘嘘声。

在老树林里，数巨大的枞树个头最高、最强悍，成员最多。

我们的记者离开枞树国，来到白桦林和白杨部落国。

白皮肤、绿鬓发的白桦树和银皮肤、绿鬓发的白杨树，用沙沙声热情地欢迎他们。数不清的小鸟在林中歌唱。阳光透过树梢的叶子倾泻下来，把天空照得色彩斑斓：空中不时闪过一道太阳的反射光，形成金色的小蛇、圆圈儿、月牙儿和小星星，在光溜溜的树干上滑过。地上密集地长着各种低矮的小草。显然，它们在主人的绿帐篷下感到轻松自在，像在自己家里一样。野鼠、刺猬和小兔子，在记者脚下窜来窜去。每当风从树顶刮过的时候，这快乐的国度热闹非凡。无风的日子里，这里也并非静悄悄的：白杨树叶微微摆动着，发出沙沙的响声，它们日日夜夜都在窃窃私语。

这个国家以河为界，河那边是一片荒漠，一块巨大的砍伐迹地。冬天，林业工人们刚在那里砍伐过原木。在这片荒漠背后，又是巨大的枞树部落，像一堵黑黝黝的墙似的矗立在那儿。

记者明白，只要森林里的雪一融化，这片荒漠就不再是荒漠，立刻变成一个战场。

森林里各部落的居住地拥挤不堪。一旦附近腾出一点空地，每个部落都急于占领。记者渡过河，在砍伐迹地上搭了个帐篷住下来，以便做这场战争的见证人。

一个阳光明媚的温暖早晨，从远方传来一阵手枪对射似的噼啪声。记者连忙赶到那里。

原来枞树发起了进攻，它们派出空军占领空地。

太阳晒热了枞树的大球果，球果发出噼里啪啦的爆裂声，一个接一个地裂开来。每次迸裂时，都发出砰的一声，仿佛是从玩具小手枪里发出来似的。紧包着球果的鳞片一下子膨胀开来。球果好比秘密的军事掩蔽所，打开后，许多细小的滑翔机（种子）立刻从里面飞出来。风托住它们，它们一会儿被抬得高高的，一会儿又被放得低低的，在空中旋转着，一路前行。

每棵枞树都结了成百上千只球果。每只球果里隐藏着大约一百架小滑翔机（种子）。无数种子在空中飞舞，降落在砍伐迹地上。

不过枞树种子有点重，而且只有一只翅膀。小风不能把它们送得很远。它们没能飞到大片的砍伐迹地，只飞了一小半路，就掉到地上了。几天后，借助一场大风，枞树的小滑翔机才全部占领了空地。

紧接着，是几个春寒料峭的早晨，娇嫩的种子差点被冻死。

幸亏后来下了一场温暖的春雨，大地变松软了，这批小移民才被收留下来。

当枞树部落占领砍伐迹地的时候，河对岸的白杨树正在开花。它们那毛茸茸的葇荑花序里的种子，才刚刚开始成熟。

又过了一个月，夏天就要到了。

在阴森森的枞树国里，大家开始欢庆佳节。红蜡烛（新球果）在枞树枝上被点燃。枞树换了新装，金黄色的葇荑花序满缀在深绿色的针叶树枝上。枞树开花了，它们在暗暗准备明年用的种子。

那些埋在砍伐迹地里的枞树种子，被温暖的春水泡胀了。现在它们已经可以作为小树苗钻出来，到这个世界报到了。

而白桦树还没有开花呢！

森林记者坚信新大陆将被枞树完全占领，其他森林部落来晚啦。

他们预料战争不会爆发。

在编辑下一期《森林报》的时候，编辑部希望能收到记者们发来的最新的详细报道。

集体农庄纪事

雪刚一融化，集体农庄庄员们就把拖拉机开到田里去了。用拖拉机耕地，用拖拉机耙地；假如给拖拉机装上钢爪，它还能把树墩连根拔起，开辟新的农田。

紧跟在拖拉机后面，大模大样、摇摇摆摆地走来一群黑里透蓝的白嘴鸦；稍远处，灰色的乌鸦和两肋雪白的喜鹊在蹦蹦跳跳。要知道，被犁和耙从土里翻出来的蛆虫、甲虫及其幼虫，可都是鸟儿们最爱吃的美味点心。

农田耕过了，耙好了，拖拉机已经拖着播种机在田里播种了。精挑细选的种子从播种机里均匀地被一行行撒在地上。

在我们这儿，最先播种亚麻；然后播种娇嫩的小麦；最后种燕麦和大麦。这些都是春播作物。

至于秋播的黑麦和小麦，现在已经长到离地四分之一俄尺[①]高了；这两种麦子早在去年秋天就种上了，在雪下过了一冬，现在长势良好。

在那生机勃勃的绿色田野里，当天蒙蒙亮和夜幕降临的时候，似乎总有一辆看不见的大车在吱吱叫，又好似有一只大蟋蟀在唧唧叫："契尔维克！契尔维克！"

哦，不是的，既不是大车，也不是蟋蟀在叫，而是美丽的田公鸡（灰山鹑）在叫。它灰不溜秋的，夹杂着白色的花斑，面颊和头颈呈橘黄色，红色的眉毛，黄色的脚。

它的妻子雌山鹑已经在绿色田野的某个地方筑了巢。

草场上的幼草泛青了。每当黎明时分，住在木屋里的集体农庄的孩子们，被一阵阵响亮的马嘶声和牛羊叫声吵醒。牧童们已开始把牛群、羊群往草场赶了。

有时，人们会看到寒鸦和白嘴鸦这些奇怪的骑手，骑在牛背和马背上。牛走着，长着翅膀的小骑手不停地用嘴巴笃、笃、笃地啄牛背。牛完全可以甩甩尾巴，像赶苍蝇似的掸掉它们。可是牛却耐着性子，不赶它们。这是为什么呢？

道理很简单：小骑手们的分量不重，还能给牛和马带来好处。原来，寒鸦和白嘴鸦是在啄食藏在牛毛、马毛里的幼虫，以及苍蝇在马的伤口处所产的卵。

---

① 一俄尺相当于 0.71 米。——译者注

肥嘟嘟、毛茸茸的熊蜂早就醒来了，嗡嗡地叫着；亮闪闪、身段苗条的黄蜂飞舞着；蜜蜂也该出来了。

集体农庄庄员们把在暖蜂室和地窖里过冬的蜂房拿出来，放在养蜂场上。长着金色翅膀的蜜蜂纷纷从蜂房里爬出来，先晒会儿太阳，晒暖后张开翅膀，飞到各处去采集香甜的花蜜。这还是它们今年第一次采蜜呢。

在集体农庄植树

春天，在列宁格勒州的集体农庄里栽种了几千公顷的树林。

在许多地方，新培育了面积从10~50公顷不等的树苗圃。

发自列宁格勒塔斯社

集体农庄新闻

新城市

昨天晚上，在果园附近长出了一座新城市。城里的房子干净卫生。

据说，这些房子不是造起来的，而是用轿子抬来的。城里的居民对温暖的天气感到很高兴，纷纷出来散步。它们在屋顶上空盘旋，熟悉街道和住房。

马铃薯过节

要是马铃薯会唱歌，今天你们一定能听到一首最快乐的歌。今天是马铃薯的盛大节日，人们要把它们运到田里去了。人们小心谨慎地把它们装到木箱里，放到汽车上，然后运走。

为什么要小心谨慎呢？为什么要把它们装在木箱里，而不是麻袋里呢？

因为每一颗马铃薯都发芽了。芽长得多么好啊：短短的、胖胖的、毛茸茸的，光照充足。它们的下部宽，长着许多白色小凸包，就快长出根来了。芽的上部尖尖的，可以看到很多细小的叶子。

神秘的坑

在学校的附属地块里，人们早在秋天就挖好了一些坑，但不知是干什么用的。经常看见青蛙掉在坑里，有人就以为这是专门为捕捉青蛙而设的陷阱。

不过现在连青蛙都明白了，这些坑是用来栽果树的。

孩子们在坑里栽上苹果树、梨树、樱桃树或李子树，每个坑里栽一棵。

在坑中间竖根木桩，把小树缚在木桩上。

修趾甲

集体农庄的专业理发师给牛修趾甲。他帮牛洗脚，把它们的趾甲都给剪短了。牛很快就要到牧场去了，它们的四条腿应确保完好无损。

开始干农活了

拖拉机在田里日夜轰鸣。夜里，它们独自工作；到早晨，就有一群寒鸦擅自跟牢了拖拉机。它们忙得不亦乐乎，可还是吃不完被拖拉机翻出来的蚯蚓。

鸥鸟也非常喜欢吃蚯蚓和在土里过冬的幼小甲虫，因此在江河湖泊附近，跟在拖拉机后面的，不是一群群的寒鸦，而是一群群白色的鸥鸟。

令人奇怪的芽

一种奇怪的芽长在一些黑穗醋栗丛上。芽长得很大、很圆。有些芽张开了，很像小小的甘蓝叶球。借助放大镜，我们仔细研究了这些芽，不由得失声惊叫起来，里面住满了令人讨厌的生物：长长的，弯弯的，还蹬着腿、吹着胡子呢。

怪不得芽膨胀得这么厉害。原来藏在芽里面过冬的是扁虱。对于黑穗醋栗来说，扁虱是最致命的敌人。它们毁坏了黑穗醋栗的芽，还把疾病传染给黑穗醋栗，害得黑穗醋栗结不了果。

假如在一棵黑穗醋栗上膨胀的芽不多，就必须在扁虱还没爬出来之前，赶快把芽摘下来烧掉。而那些膨胀芽多的黑穗醋栗，就只能整棵烧掉了。

成功的飞行

一批一岁的小鲤鱼飞到了五一集体农庄。它们被装在矮木箱里，乘着飞机来的。虽然鱼一般不飞行，但它们都活着，很健康，已经兴高采烈地在集体农庄的池塘里游泳了。

发自尼·芭芙洛娃

城市新闻

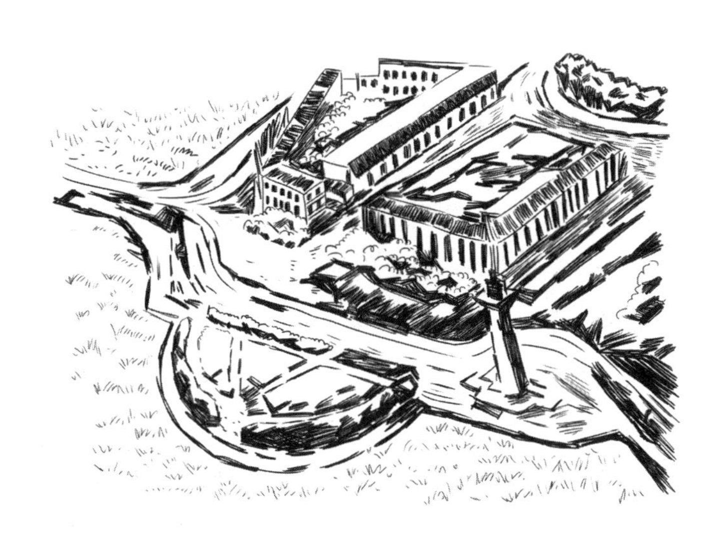

植树周

冰雪消融，春回大地。城市和各区开始了植树周。春天里，这些植树的日子被称为植树节。

孩子们在学校附属地块上、花园里、公园里、住宅周围和大路上忙碌，为植树做准备。

涅瓦区少年自然科学家实验站准备了几万株果树苗。

苗圃把两万棵枞树、白杨和槭树的苗木，划拨给海滨区的各学校。

发自列宁格勒塔斯社

种子储蓄罐

田野一望无际，得造多少林，才能保护这么多田地不受风的侵袭啊！学校的孩子们都了解植树造林对于国家的重要意义。所以，春天的时候，在六年级A班教室里，放了一只大木箱：树苗种子储蓄罐。枫树种子、白桦树的葇荑花序、结实的棕色橡实等纷纷往罐里倒。孩子们用桶装着种子，带到学校来。比如维加，单单橁树种子他就收集了10公斤。到了秋天，树苗种子储蓄罐装得很满了。我们把收集到的种子全部上交，用来开办新的树苗圃。

发自丽娜・波良考娃

在果园和公园里

树木被一层像呵出的气似的、柔和而透明的绿色薄雾笼罩起来。只要树一开始长叶子，雾就会自动消散。

一只漂亮的大蝴蝶（黄缘蛱蝶）飞来了。它的羽毛像天鹅绒似的柔软，浑身呈棕色，夹杂着浅蓝色斑点，翅膀的末端是白色的，宛如褪了色一般。

还有一只有趣的蝴蝶也飞出来了。它长得很像荨麻蛱蝶，但个头比荨麻蛱蝶小，颜色没那么鲜艳，是浅棕色的。它的翅膀上坑坑洼洼的，翅翼仿佛被扯破了一般。

请抓一只来仔细瞧一瞧，你会看到有一个白色的字母“C”在它的翅膀下部。也许你会认为有人故意给它刻上了白色字母“C”做标记。

它的学名就叫作“C”字白蝶。

小粉蝶和大白蝶这些白蝴蝶也很快就要飞来了。

七鳃鳗

在我国，从列宁格勒到库页岛，在大小不一的江河里，都可以看到一种模样奇特的鱼。它的身子又瘦又长，猛一看，你会以为是条蛇呢。它的身体两侧没有鳍，只在靠近尾巴的背上长着鳍。它游泳的时候，像条蛇似的一扭一扭的。它没有鳞，皮肤松软；它的嘴也不像普通的鱼嘴，而是一个漏斗形的圆洞，是个吸盘。看到这个吸盘，你会认为它压根儿不是鱼，而是条巨大的水蛭。这就是七鳃鳗。

由于在它的眼睛后面、身体两侧，一边有七个呼吸孔（即七个鳃），所以在我国农村，人们又把它叫作七孔鳗。

幼小的七鳃鳗很像泥鳅。孩子们经常抓住它，挂在鱼钩上做诱饵，以捕获凶猛的大鱼。

有时，七鳃鳗会用吸盘吸附在大鱼身上，跟着大鱼周游世界，大鱼怎么也甩不开它。

渔夫们还说，有时七鳃鳗还会吸附在水底的石头上。一旦吸住石头，它就会全身扭动起来，不停地拖、拽，最后把石头都搬动了。七鳃鳗的力气竟然有这么大！它搬开石头后，就在石头下面的坑里产卵。

所以这种令人称奇的鱼还有个学名，叫作吸石鳗。

它长得是不太好看，可是把它用油煎一煎，再蘸点醋，却是道美味佳肴呢！

街上的生活

每天夜里，蝙蝠开始空袭城市郊区。它们丝毫不关注路上的行人，只顾一心一意地在空中抓捕蚊子和苍蝇。

燕子飞来了。在我们列宁格勒州，一共有三种燕子：一种是家燕，它长长的尾巴像把叉子，喉部长着一个火红色的斑点；一种是金腰燕，尾巴短短的，喉部呈白色；一种是灰沙燕，小巧玲珑，呈灰褐色，胸脯雪白。

家燕在城市郊区的木头房子上做巢；金腰燕直接在石头房子上筑巢；而灰沙燕则在悬崖的崖洞里孵小燕子。

燕子飞来后，又过了许多天，雨燕才飞来。人们很容易区分雨燕和燕子，雨燕的叫声很刺耳，常常在房顶上飞来飞去。它们看上去通体乌黑，翅膀也不像普通燕子那样呈尖角形，而是半圆形，像一把镰刀。

会咬人的蚊子也飞出来了。

城市里的鸥

涅瓦河刚刚解冻，鸥就飞到了河面上空。它们丝毫不害怕轮船和城市的喧闹，在人们的眼皮底下悠然自得地从河里捕小鱼吃。

鸥飞累了，就径直落到铁皮屋顶上休息。

长着翅膀的旅客乘飞机

只有听到那音调均匀的嗡嗡声，你才会猜想到坐在飞机里的是长着翅膀的小乘客。一批高加索蜜蜂分坐在两百间舒适的客舱（即三合板做的木箱）里。飞机把八百个蜜蜂家庭，从库班运到了列宁格勒。

旅途中，飞机给这些小旅客提供了丰盛的“蜜粮”。

发自尼·伊凡琴科

晴天雪

5月20日。早晨阳光灿烂，东方天空蔚蓝，没想到这时竟下起雪来了。晶莹的雪花，像萤火虫似的，缓慢地、轻盈地在空中飞舞。

冬爷爷呀，请别吓唬人，现在你雪花的寿命可长不了！就像夏天的晴天雨一样，太阳透过雪花露出笑脸，这样的雪只会使蘑菇长得更快。雪一落到地上，就化了。

如果我到郊外森林转一转，也许会碰上一个大惊喜。

在那融化的雪花下面，我也许会找到满是褶子的褐色菇伞，这就是早春第一批鲜美的蘑菇：羊肚菌和鹿花菌。

发自森林记者 维利卡

咕——咕

5月5日清晨，在郊区公园里响起了第一声“咕——咕！”

一周后，在一个温暖而宁静的夜晚，忽然有只鸟在灌木丛里鸣叫起来，叫声非常清脆悦耳。起初轻轻地鸣唱，然后越来越响，最后大声呼叫啼啭起来，宛如细碎的豌豆纷纷往下撒似的！

这时，大伙立刻明白了，原来是夜莺在歌唱。

少年米丘林[①]工作者大会

30年前，列宁格勒州的小学生们拜访过米丘林。米丘林告诉小客人们，在伟大的改造自然的工作中，他们可以

① 米丘林，苏联杰出的生物学家。——编者注

如何帮助大人。

列宁格勒的米丘林工作者们，在本次大会上也回忆起这件事。列宁格勒市和列宁格勒州35000多个少年米丘林工作者，派出各自的代表参加本次大会。春天，他们做了45000个人造鸟巢挂起来，栽种了20万棵果树，并且照料树木，保护绿色朋友和集体农庄的庄稼。

发自列宁格勒塔斯社

给列宁格勒州和列宁格勒市全体少先队员和学生的一封公开信

据说，在我们州，很多学校的少先队员和学生都擅长制作鸟兽标本，还听说他们拥有丰富的矿物标本和昆虫标本，制作了大量的列宁格勒州的植物标本。全州各学校可以和我们一起分享这种直观教具。我们市区少先大队的队员们，也可以把我们从苏联各地搜集来的标本寄给他们。

我们已开始采集春季花卉的标本。今年暑假，我们将在老师和少先队辅导员的带领下，进一步了解家乡的大自然，为母校采集许多珍贵的新标本。我们每个人都想为学校多干点事。

暑假过后，我们都得到了充分休息，给太阳晒得黑黝黝的。我们将重新聚集在教室里，上植物课或动物课。老师将利用我们采集到的动植物标本讲解新知识。那时，我们将感到多么高兴啊!

市区的许多少先大队委员会决定，所有的中队和小队，都必须参加采集矿石标本、昆虫标本和植物标本的活动，用采集来的标本充实学校里的博物馆和自然知识研究室。

我们将和其他州的少先大队和中队交换展品。到那时，我们学校的自然知识研究室的直观教具就会更加丰富多彩了。

基特·韦利卡诺夫的故事

一个身材矮小的男孩来到《森林报》编辑部。

“你……你们好！”他胆怯地跟我们打招呼，“我叫基特·韦利卡诺夫，是少年自然科学家。请把我吸收为《森林报》特派记者吧。我很擅长讲一些森林里胡说八道的事。”

我们很惊讶：“您的才能很奇特，但我们不需要您的胡说八道，我们只刊登事实。”

“怎么会‘不需要’呢？难道你们不希望，你们的读者在阅读《森林报》时进行一些思考吗？”

“我们想，他们是会思考的。”

“啊哈！而我认为，他们会以为，你们代替他们思考了。因为他们认为，他们没什么可思考的。你们在第一期上刊登了‘鸟儿抱怨猫和男孩捣毁鸟巢’了吗？刊登了！而这些小鸟是不会讲话的。这些小可怜虫，流着别人看不到的眼泪，也无法用言语向他人抱怨。读者肯定会想，什么乱七八糟的鸟语。他们会来投诉编辑部的。我了解他们！我本人就是读者！”

“瞧您说的！我们的读者很清楚，鸟儿是不会说人话的。”

“就算您说得对！可读者终归不善于分析……或者说……批判性地对待生物现象。我想出了一些游戏，可以让他们动动脑子。”

“啊，您想出了一些游戏。那就是另外一回事了！请拿给我们看一下。”

男孩从口袋里掏出一本皱巴巴的练习本，把它摆在我们面前。

我们大家都觉得故事写得很有趣、很有益。我们收下了基特的稿子，请他继续写。

后来我们才搞清楚，这个基特·韦利卡诺夫，就是在列宁格勒广播电台录制过节目的那个基特·韦利卡诺夫。

广播电台的编辑们说，基特是位非常优秀的少年自然科学家。他观察细致，富于想象力，诚实、勇敢、快乐。

不过他喜欢略微夸大点儿事实，他甚至把自己也夸大了：他原名叫基特·马雷什金，而他改名为基特·韦利卡诺夫[①]。他爱笑，爱开着玩笑骗人，但最终总是自揭谜底，说出真相。

瞧，这就是他。

基特在本书末尾对故事做了必要的解释。请我们的读者尽可能以小组或班级为单位朗读他的故事。只要读到某种生物观察、报告，即便是想象或奇遇，也请做出判断，在纸上写明观点。如果你认为是事实，就请写上“事实”两字；如果你不相信基特的叙述，就请写上“谎言”两字。

在《基特·韦利卡诺夫对故事的解释》中，有相应的评价分数。请按照这个标准打分，开展竞赛。

在基特的每个故事中都讲述了10件需要做出判断的事实或现象。本书一共登载了四个故事。如果你对40件事都评价正确，拿到了最高分，那么你就获得了一等奖，授予“一等智者和揭穿谎言者”的光荣称号；如果你拿到了30

① 俄语中，“马雷什金”意为“身材矮小”，“韦利卡诺夫”意为“身材高大”。——译者注

分，就获得了二等奖，授予“二等智者和揭穿谎言者”的称号；如果你得到了20分，就获得了三等奖，授予“三等智者和揭穿谎言者”的称号。

我的十个观察

这个礼拜天我起得很早：决定到城外去走一走，看一看，动物世界和植物世界的居民们都在干些什么。

老天爷啊！我刚一走到涅瓦河畔，就看到了一幅奇异的景象：两只颜色不同寻常的大鸥在水面上飞翔。它们的上身和下身像雪一样白，翅膀却乌黑锃亮，像临时画上去的一样！

而野鸭在桥底下游水。只见嗖地一下，就潜入了水底！

水清澈见底。我从高处、从桥上看得一清二楚：野鸭潜入水底，在水下游泳，就像在空中翱翔一样！真奇怪：挥动着翅膀，在水下急驰。

眼见这样的奇事，我惊叹了一阵，又继续往前跑。一边跑，一边低声哼唱着古老的校歌：

胡说八道，胡说八道，

这简直是一派胡言！
炉子上的虾
用锤子来割草！

我乘上电气火车，不一会儿就来到了熟悉的小站，立刻走进森林。森林外就是大海，是芬兰湾。

海上鸟鸣声此起彼伏：各种水鸟飞得正欢。我想看得清楚些，便爬上树，举起望远镜……我差点儿丢掉望远镜：看见了十五只像煤一样黑的天鹅！

真是太出乎意料了！当然，除了我以外几乎没有人在列宁格勒市上空见过这些黑美人！我真是太幸运了！

瞧，还有一群野鹅落在黑天鹅附近。一整群野鹅。看，一群家燕与雨燕正从野鹅的背上飞起。空中立刻布满了往四处飞散的小鸟。

亲爱的，你们终于飞来了！强壮有力的野鹅用宽大的翅膀把燕子从海外捎过来了！谢谢野鹅！我们等燕子已经等得太久了！

是的，是时候了，是时候了！我回望森林，那里高大的椴树正开着花，散发出浓郁的蜜香。郊外到处盛开着美丽的黑色的鲜花，我忘记它们叫什么了，不时传来沙锥像羊似的柔和的叫声。你当然知道，春天我们这儿的沙锥用尾巴唱歌。

我在树上坐了很久，尽情享受着春天的声音、香气和美丽……突然我看见，一只白色的动物从灌木丛中穿过……起先我认为，这是只雪兔。后来又看了一下，不对，比兔子小……看清楚了，是只鸟……不是纯白色的，而是夹杂着大块淡黄色的斑点。

我猜想："嘿嘿！这种鸟就像雪兔，冬天穿上雪白的皮袄，夏天换上花衣裳！"

时间已近晌午了，我饿坏了。我从树上爬下来，朝车站跑去。一些黑影在森林上空掠过。我想，这是燕子在树梢上穿梭，定睛一看，却是蝙蝠！这么说来，它们也从过冬的洞穴里飞出来了。

在林子边缘，就在电气火车站旁，我做了第十个有趣的观察，确切地说，是发现：我在灌木丛下找到并采集了整整一篮子鲜美的蘑菇！

晚饭前，妈妈帮我烧好了蘑菇。

谁能猜中，我的这些观察中哪个是真的，哪个是假的。每猜中一道题，得两分。通常，一半真，一半假。读完书末我的解释之后，你们自然会明白。这样的话，每题只能得一分。

基特·韦利卡诺夫

打　猎

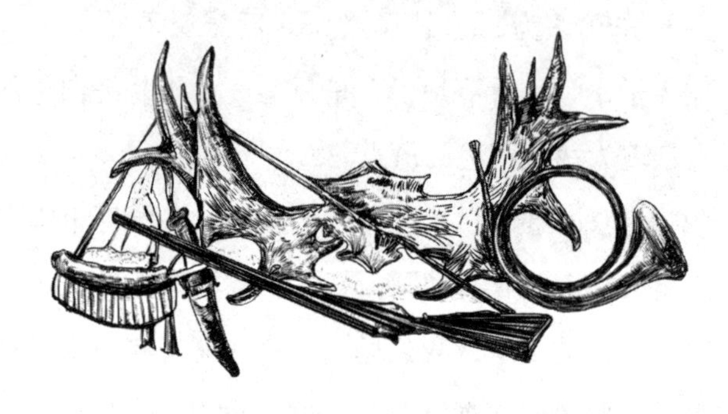

到马尔基佐夫湖打野鸭

在市场上

最近，各式各样的野鸭在列宁格勒的市场上销售。有通体乌黑的野鸭，有与家鸭很相似的野鸭；有块头很大的野鸭，也有个头矮小的野鸭。有些野鸭的尾巴像锥子，又尖又长；有些野鸭的嘴巴像铲子，非常宽；还有些野鸭的嘴巴挺窄小。

要是让一个一窍不通的主妇去买野货，那会很糟糕。她买只野鸭回家，烤熟后，谁也不要吃，因为这只野鸭的鱼腥味太重了。原来她在市场上买到的是一只专门吃鱼的潜水的矶凫，一只秋沙鸭；或者甚至于压根儿不是野鸭，而是一只潜水的䴙䴘（pì tī）。

不过，一个经验丰富的主妇，很快就能区分出潜水的矶凫和野鸭。她只要看一眼野禽最小的后脚趾，就什么都明白了。

后脚趾上长着一大块突出的厚皮的，是潜水的矶凫；后脚趾上只有一小块突出的厚皮的，是在河面上生活的“珍贵的”野鸭。

在马尔基佐夫湖

春天，在市场上销售各种各样的野鸭。而这时在马尔基佐夫湖里，野鸭的品种更加丰富。

位于涅瓦河口和喀琅施塔得所在的科特林岛之间的芬兰湾部分，自古以来就被称作马尔基佐夫湖。那是列宁格勒的猎人们最喜爱的打猎之处。

请到斯摩棱河边走一走。你会看到，一些奇形怪状的小船，停在斯摩棱墓场附近，既有白色的，也有跟河水一样颜色的。这些船都不大，但是特别宽。船底完全是平的，船头船尾往上翘。

这就是打猎用的独木舟。

如果你够幸运，傍晚时还能碰上一位猎人。他把独木舟推进河里，把枪和其他东西放到船上，然后用一支既当舵又当桨的桨划起来，顺流而下。

大约20分钟后，猎人就到了马尔基佐夫湖。

涅瓦河上的冰早已融化，可是在芬兰湾里还留有一些大冰块。独木舟迎着灰色的波浪，飞快地朝冰块划去。

最后，猎人划到了大冰块旁。他向冰块靠拢，并踏了上去。他拿出白长袍，披在皮袄外面，又从独木舟里拎出一只用作诱饵的雌野鸭。他先拴住野鸭，把它放到水里，然后把绳子的另一头拴到冰块上。雌野鸭立刻叫唤起来。

猎人坐上独木舟，离开了。

叛徒雌野鸭和白衣隐身人

用不着等很长时间。

瞧，一只野鸭从远处的水面飞起。这是一只雄野鸭。它听见雌野鸭的叫唤，就朝它飞过来了。它还没来得及飞近，只听到啪的一声枪响，接着又是一声，雄野鸭就掉到水里了。

雌野鸭完全清楚自己的任务。它不停地叫啊叫啊，仿佛被收买了似的。

听到它的叫唤声，许多雄野鸭从四面八方朝它飞来。

它们只看见雌野鸭，却没有发现在雪白的冰块旁边，停着一艘白色的独木舟，独木舟里还坐着一个穿白长袍的猎人。

猎人开了一枪又一枪。各式各样的雄野鸭都掉到了他的独木舟里。

一群群野鸭，纷纷沿着海上长途飞行航线从头顶飞过。太阳沉进了海里。连城市的轮廓都看不清了，只见在城里的方向亮起了灯光。

天黑了，不能再开枪了。

猎人把雌野鸭放进独木舟，把船锚牢牢地拴在冰块上，尽可能地使独木舟靠尽冰块，免得小船被浪打翻。

得考虑一下过夜的事了。

起风了。天空布满了乌云。天黑沉沉的，什么也看不见。

水上住所

猎人在独木舟的船舷上，安装了一个弧形木支架，然后解开帐篷，张在支架上。他点燃煤油炉子，从湖里舀了一壶水（马尔基佐夫湖里的水是来自涅瓦河的淡水），放到炉子上烧。

雨点乒乒乓乓地击打在帐篷上。下雨对猎人算不了什么，帐篷是防水的。帐篷里既干燥又明亮，还很暖和：煤油炉子像火炉似的散发着热量。

猎人边喝热茶，边吃东西，还喂了助手雌野鸭，随后便抽起烟来。

夜很短。天边露出了一道亮光。它逐渐变长、变宽。乌云散了。风住了。雨停了。

猎人从帐篷里探头朝外望。

隐约可见远处黑乎乎的海岸。可是，既看不见城市的剪影，也看不见城市的灯火。原来，一夜的工夫，大风把冰块吹得很远，送到大海里来了。

糟糕！必须划很久，才能回到城里。但是幸运的是，夜里没有别的冰块撞向这块大冰块，否则独木舟会被两大冰块挤成碎片，猎人自己也会被压成肉饼子。

必须赶快开始行动啦！

诱捕天鹅

作诱饵的雌野鸭又在水上使劲叫唤起来。但是，现在，有一只洁白的大天鹅和它一起随波逐流。天鹅并不叫唤，因为它是假的。

野鸭纷纷飞过来，猎人开了几枪。

突然，从远方的空中传来一阵喇叭似的鸣叫声：

“克噜噜！克噜噜！噜噜！噜噜！”

一大群野鸭拍打着翅膀，飞到雌野鸭旁。可猎人连看都不看它们一眼。

他敏捷地把子弹装进枪里，合拢双手，举到嘴边，吹起诱惑天鹅的音调：

“克噜噜！克噜噜！噜噜！噜噜！”

在遥远的高处，在云层下面，出现了三个黑点。黑点逐渐变大，喇叭似的鸣叫声越来越清晰，越来越响，越来越震耳。

猎人已不再跟它们一应一答，因为人学不像天鹅在近处的叫声。

这会儿已经可以见到，有三只白天鹅，偶尔缓慢地、沉重地挥动几下翅膀，降落到冰块附近。天鹅的翅膀在阳光下闪烁着银光。

天鹅越飞越低，平稳地兜着大圈子。

它们从上面发现了冰块旁的天鹅，以为是它在呼唤，于是就朝它飞了过来：也许它飞得一点力气也没有了，也许是受伤掉了队。

天鹅飞了一圈又一圈……

猎人一动不动地坐着，眼睛紧紧地盯住天鹅：这三只硕大的白鸟，伸长细长的脖子，一会儿飞近，一会儿飞远。

猎　杀

又兜了一圈。这会儿天鹅已降落得很低，几乎靠近了独木舟。

砰的一声！……只见飞在前面的那只天鹅的长脖子，像根细鞭似的垂落下来。

又是砰的一声！……只见第二只天鹅在空中打了个滚，重重地摔在冰块上。

第三只猛地往上一冲，眨眼间在远处消失了。

猎人很少像今天这么幸运。

现在，赶紧回家吧。

不过，眼下要把独木舟划回城里，可没那么容易了。

浓雾聚集在马尔基佐夫湖的上空，十步之外就什么也看不清了。

隐隐约约地从城里传来工厂的汽笛声，一会儿在这边，一会儿在那边，让人搞不懂该往哪里划。

薄冰撞碎在独木舟的船舷上，发出玻璃破碎般的清脆的叮当声。

“冰激凌”般的细冰碴在船头下发出沙沙的响声。

怎么可以全力以赴地划呢？要是撞到结实的大冰块上，那可怎么办？

独木舟会翻转过来，一个跟头撞到水底。

第二天

在安德烈耶夫市场上，一大群人满脸好奇地看着两只硕大雪白的鸟。鸟儿从猎人的肩上垂下来，嘴巴几乎碰到了地。

孩子们把猎人围起来，问题一个接着一个：

“叔叔，这鸟是从哪里打来的？我们这儿有这样的鸟吗？”

“它们正朝北方飞，飞到那里去筑巢。”

“噢，它们的巢一定很大吧！”

主妇们感兴趣的却是另外一回事：

“请问，这种鸟能吃吗？腥味不重吧？”

猎人回答着他们的问题，不过耳畔一直回响着活天鹅的喇叭似的鸣叫声，野鸭快速拍打翅膀的嗖嗖声，薄冰撞碎在独木舟上所发出的玻璃破碎般的叮当声……

上面所讲的，都是以前的事了。

现在，每年春天，天鹅依旧从列宁格勒上空飞过，从云霄处传来它们喇叭似的鸣叫声。不过，现在天鹅比以前少得多了。猎人们想方设法要打到这种美丽的大鸟，打死了太多的天鹅。

现在我们这里严禁猎杀天鹅。猎杀天鹅的人将被罚款，罚款的数额还不少呢。

在马尔基佐夫湖上，依旧可以打野鸭，因为它们的数量众多。

打靶场

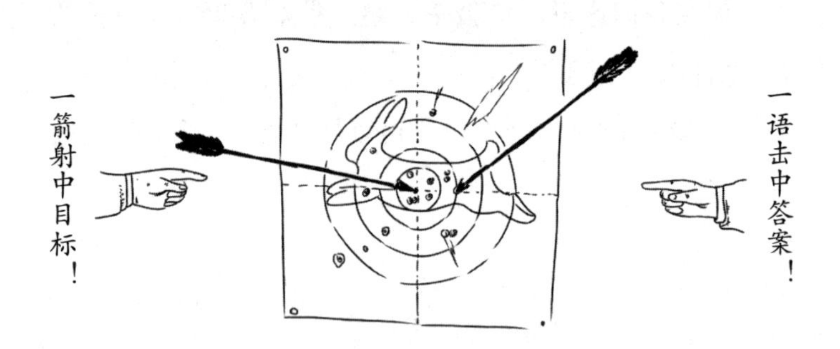

第二场比赛

1. 穿上黑衣服，蛮横无礼；换上红衣服，乖巧温顺。（谜语）

2. 哪种可以食用的蘑菇最先出现？

3. 为什么白嘴鸦在田里跟着耕地的农民走？

4. 喜鹊巢和乌鸦巢的区别在哪里？

5. 哪种蜘蛛叫作“流浪汉”？

6. 哪种鸟先飞到我们这里来：雨燕还是家燕？

7. 要是人造鸟巢不够住，椋鸟会在哪里筑巢？

8. 为什么椋鸟和寒鸦喜欢在牛背、羊背和马背上玩耍？

9. 为什么家鸭和家鹅，会在春天时突然郁闷地叫唤，变得极度焦躁不安？

10. 哪几种鸟会受春汛的困扰？

11. 春汛时，禁止射杀哪几种鱼？

12. 谁更加怕冷：鸟还是爬虫？

13. 青蛙的舌头，哪一端固定在嘴巴里？

14. 这里画了两种鸟的翅膀：一种住在密林里，另一种住在开阔地里。你能区分它们吗？

15. 从前面看像锥子，从后面看像叉子，横着看像锤子，背上披着件蓝呢子，胸前挂着块白手绢，说起话来像老外。（谜语）

16. 没上门闩的门一打开，跑出来一只没尾巴的小狗。（谜语）

17. 似牛非牛通体黑，长着六条腿却没蹄子。边飞边叫，落下来是个挖地高手。（谜语）

18. 不是鱼虾，不是鸟兽，更不是人，它在5月才露脸。嘴巴长长，声音尖尖，嗡嗡地飞，悄悄地落。谁要是朝它拍一下，准叫它鲜血淋漓丧了命。（谜语）

19. 一个只管倒，一个只管喝，还有一个只管长。（谜语）

20. 不在地上走，不往头顶瞧，不用造只窝，却生出许多小娃娃。（谜语）

21. 喂养全世界，自己却一口不吃。（谜语）

22. 长出一串小铃铛，变成一串大铃铛。（谜语）

23. 没有翅膀，却会飞；没有腿，却会跑；没有帆，却会游。（谜语）

24. 四只走路的物件，两只顶撞的物件，外加一根鞭子。（谜语）

通　告

《森林报》宣布将进行锐眼称号竞赛：

谁想得到锐眼的光荣称号，必须仔细研究我们贴在通告栏里的图画，然后学会根据图画中鸟兽的形状、足迹和其他特征，分辨出这些生活在森林、田野、水上和空中的鸟兽。

第一场锐眼竞赛

谁在飞？

一些大鸟在空中翱翔。谁知道，这是些什么鸟？

图1：这是只脖子细长的白色大鸟，翅膀拖在后面，尾巴很短，看不见腿。请问，这是只什么鸟？

图2：很像第一只鸟，但体型略小，灰色，脖子短

些。请问，这是只什么鸟？

图3：翅膀长在中间，脖子在前，像根棒；双腿在后，像两根棒。请问，这是只什么鸟？

图4：翅膀朝下弯，双腿在后，像两根棒。头和脖颈仿佛是装在背上的一个大问号。请问，这是只什么鸟？

请报名

参加鸟兽保护协会，去拯救那些遭受水灾的兔子、狐狸、松鼠、鼹鼠和其他各类陆上野兽。

授予拯救水淹动物的人“马札伊老爷爷”奖章[1]。

少年自然科学家自制奖章，他们把金色或银色的纸包在用厚纸剪成的圆圈外面。

根据少年自然科学家小组的决议，金质奖章授予那些拯救了比狐狸大的驼鹿、鹿等大野兽的人。

银质奖章授予那些拯救了兔子、松鼠、鼹鼠和刺猬等小野兽的人。

准备住房

我们的小朋友，著名的害虫消灭者鸣禽，现在正在寻找养育后代的小窝。

---

① 请参看涅克拉索夫的诗歌。俄罗斯著名诗人涅克拉索夫的诗中写到，从前有个马札伊老爷爷，每当发大水的时候，总是划着船去拯救动物。——译者注

恳请读者帮助它们准备住房。

腐烂树枝从树上脱落的地方，形成了一个小坑。很容易把它挖深，变成树洞。在老树的朽烂的树枝上，也很容易挖树洞。山雀、红尾鸲、鹟和其他小树洞寄居者——小猫头鹰和黑啄木鸟等，都很喜欢住在这种树洞里。

最好参照图示，替那些在灌木丛里筑巢的小鸟，把树枝束成一团。

替在浅树洞里筑巢的灰鹟和红胸鸲，做这样的树洞：

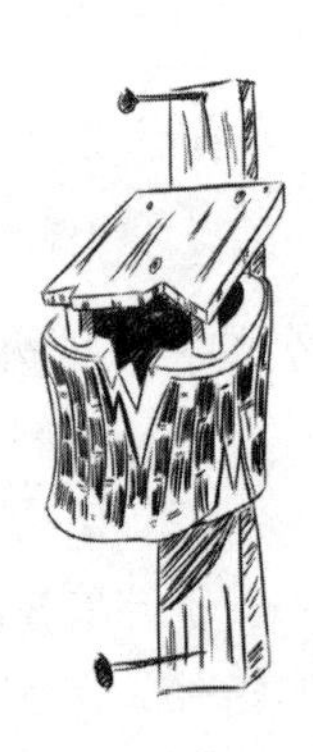

替猫头鹰和慈乌，做这样的卧式树洞：

这是什么树的阔叶？这是什么树的针叶？

哥伦布
俱乐部

第二个月

在俱乐部的第二次会议上，小组长带来了一幅详尽的诺夫戈诺德州的地图。他指了指地图上的娄苏瓦村，他曾经在那儿住过一个夏天。他建议，把它选作考察基地，也就是作为基站，哥伦布们住在那里，从那里开始科学和艺术研究。

小组长说：

“这好比是只圆规，一只脚以标号为娄苏瓦村为支点，另一只脚以三公里为半径，画个圆。我们假定，凡是在这个圆圈里面的，都属于未知区域。这就是新大陆，是我和你们即将发现的美洲。在这片土地上，存在以下东西:1.针叶林——一片神奇的松树林；2.混合林——一小块真正的原始森林，就像瓦斯涅佐夫在《伊万王子和玛利亚公主在灰色的伏尔加河上》中所画的那样；3.一段乌第河，河岸一边陡峭，另一边低缓，春天会被河水淹没；4.草地，草地上会有一块不大的农田，这在诺夫戈诺德州随处可见；5.潮湿的灌木丛；6.非常有意思的普拉瓦湖，不大，也不深，但是湖上点缀着长着茂密树林的小岛。”

哥伦布们立刻开始讨论，该如何命名未来的美洲——他们即将进行科学艺术研究的地方。

安德烈若有所思地拖长声调说：

“我把它叫作Э Н З Е[1]。”

尼古拉扑哧一声笑了，说：

“我赞同！从军事上说，Э Н З Е就是不可动用的储备。难道我们完全不能碰这块地方吗？”

“也许，安德烈是想把它叫作新西兰吧？”女画家希格利特嘲讽地插话道。

“不，只是‘不同寻常的谜语’的意思。”莱姆琪卡说。

“瞧你们说的！”安德烈挥了挥手，“我的意思是‘新土地’，或者‘不知名的土地’。”

小组长总结道：

“瞧，说得挺好！只需稍微改动一下，把字母的顺序重新排一排，叫作‘未知之地’，你们同意吗？”

“同意！”哥伦布们异口同声地回答。大家立刻做出决定，全方位地考察未知之地，了解清楚，在这片土地上隐藏着怎样的奥秘。为此，首先必须编制详细的土著居民名单，也就是说，在那里生长的树木、野兽和鸣禽的名单。根据土著居民的情况，专家们参加不同的小组。按照专业，分成以下三个考察小组：

---

① Э Н З Е：在俄语中，Э Н З Е 为以上各种叫法的开头两个字母，可理解成以上各种意思。——译者注

鸟类学组：莱姆琪卡、安德烈、猎人尼古拉和米露琪卡；

兽类学组：廖列琪和猎人弗拉基米尔；

树木学组：巴甫洛沙和多拉；

最后是诗歌艺术组：女画家希格利特和诗人斯拉维米尔。诗人答应在暑假里完成题为《未知之地》的诗集，女画家则给诗集配插图。

猎人尼古拉和弗拉基米尔提议道：

“由于我们绝大多数都是鸟类学家和兽类学家，所以我们大家必须预先学习，以免在森林里分不清野兽和鸣禽。首先我们必须学会狐步舞。”

“竟然还有这种事！”莱姆琪卡马上反驳道，女同学们齐声赞同她：“我们可不想学什么花里胡哨的美国舞！”

“噢，不是这样的！”弗拉基米尔赶紧解释，“不是跳美国舞！狐步舞的意思是‘狐狸的脚步’。在森林里必须学会轻轻地、悄无声息地走路，像狐狸那样，高高地抬起脚，眼睛盯着落脚处，不可以做任何剧烈的动作，必须一动不动地停在原地。否则的话，森林里的土著居民都会吓得躲起来的，那么你就连一只小鸟、一只野兽都看不到了。其次，我们必须学会说鸟语，因为在森林里是不许叫喊和呼应的。我们给大伙演示一下鸟语，我和尼古拉在森林里打猎时，就是用鸟语交流的。听！”

弗拉基米尔开始吹口哨，哨声一会儿短一会儿长。他不停地解释，哪种声音属于哪种鸟。他说：

“瞧，我们在森林里走，彼此拉开点儿距离。这么说吧，一个接一个地走，在搜索森林。为了相互不离得太远，一直用哨声与前后左右的伙伴联系：‘舟维！舟维！’意思是：‘走吧！走吧！……’

“突然，其中一人发现前面有情况，这时应当让其他人知道，停止前进，以免惊跑猎物；而且必须搞清楚，究竟什么东西藏在前面。于是，你给出‘停止’的信号，用断断续续、低沉的鸸鸟哨音慢慢传出去：‘特勿契！’

“要是你想知道，为什么叫‘特勿契’？为什么停下来？那么可以吹出朱雀的音调，听起来仿佛在提问：‘基维？基维？’

“如果前面是野兽，就用低沉的哨声回答，好像在叫：‘勿契！勿——勿——契！……’

“如果前面是鸟，就大声叫：‘维契——契——契……’

“如果前面是人，就拖长哨声、带着变调，先低声叫‘勿……’，再高声叫‘利特！’。这是大杓鹬的叫声：‘勿利特！勿利特！’

“现在教最后一个信号。如果需要同伴走近点儿：

‘过来！’就吹出黄鹂笛子般的叫声：‘费勿里勿！费勿里勿！’

“这就是全部的学问。”弗拉基米尔结束了鸟语课。

“不，等一等！”尼古拉叫道，“我认为，有时在森林里必须呼唤名字。我们大家的名字都太长了，必须缩减到一个音节。在野兽和鸣禽听来，一个元音只意味着警告：‘小心点儿！’没有别的含义。它们一直都很谨慎的。所以，我们必须把名字缩短到一个音节。必须保证在森林里呼唤的时候，彼此不会叫错名字。”

大伙接受了提议。首先缩短名字：安德烈变成了“安”，尼古拉变成了“古”，弗拉基米尔变成了“弗”，斯拉维米尔变成了“维”，巴甫洛沙变成了“巴”[1]。这让大家哈哈大笑，因为思维慢半拍的巴甫洛沙从来不会快言快语：他总是久久地思考，然后慢吞吞地说话，听得人焦急万分。

给女孩们缩减名字的时候，弗拉基米尔突然大叫起来：

“亲爱的女同学们！我第一个发现了美洲！你们现在变成了乐谱：多拉变成了音符‘哆’，莱姆琪卡变成了音

---

① “巴”：在俄语中，这个音的含义为射击时发出的声音：砰。——译者注

符‘来’，米拉奇卡变成了音符‘咪’。”

“我变成了音符‘拉’。”廖列琪附和道。

“而我变成了音符‘西’。”画家希格利特赞同地说。

安德烈提议道：

“出于尊敬，给组长起两个音节的名字吧：包括名字和父称。就叫塔金，你们同意吗？”

然后大家开始学习狐步舞和鸟语。

俱乐部成了一所小学校。

SENLINBAO 森林报

NO.3 ［春季第三月］唱歌跳舞月

5月21日—6月20日太阳转入双子宫

一年：十二个月的太阳史诗——5月

5月到了：唱吧！玩吧！现在，春天才认真地开始。

完成第三件任务：给森林穿上新装。

现在，森林里最欢快的月份——唱歌跳舞月开始了！

太阳，即太阳的光和热，获得了完全的胜利，它战胜了冬季的黑暗和寒冷。晚霞向朝霞伸出了手，白夜在北方

开始了。生命夺回大地和水之后，挺直了腰板。高大的树木穿上了由新叶缀成的亮晶晶的绿衣裳。无数长着翅膀的昆虫飞到了空中。一到黄昏，擅长熬夜的蚊母鸟和身手敏捷的蝙蝠，就飞出来捕食它们。白天，家燕和雨燕在空中翱翔；雕和鹰在农田和森林上空盘旋。红隼和百灵鸟在田野的上空扇动着翅膀，仿佛云上有根线牵着它们似的。

没有上锁的大门打开了，长着金翅膀的住户，即勤劳的蜜蜂从里面飞了出来。大家都在唱啊、跳啊、玩啊，琴鸡在地上，野鸭在水里，啄木鸟在树上，鹬（天上的绵羊）在森林的上空。现在，正如诗人所描绘的那样："在俄罗斯大地，兽儿、鸟儿喜气洋洋。肺草从去年的枯叶下钻出来，在树林里闪着蓝光。"

为什么我们的5月被称为"哎哟"月？

因为5月里，天气乍暖还寒。白天艳阳高照，夜里"哎哟"，可别提有多凉。5月里，有时候树荫底下就是天堂；有时候却得给马铺上草，自己爬上热炕。

快乐的 5 月

每只动物都想展示一下自己的勇猛灵巧。现在动物们很少唱歌，也不太跳舞了。所有动物的牙都痒痒的，想找对手打架。于是乎，绒毛、兽毛和羽毛满天飞。

森林中的住户都在忙碌，因为这是春天的最后一个月了。

夏天即将来临。夏天一到，鸟儿们就要忙着筑巢和孵小鸟了。

农民们说得好：“春姑娘在俄罗斯快活极了，想待着一辈子不走。可是只要布谷鸟一叫，夜莺一啼，她就会投入夏天的怀抱。”

森林中的大事

森林乐队

莺在这个月里唱起歌来，不分白天黑夜，一直啼啭。

孩子们很惊讶，它到底什么时候睡觉啊？原来春天鸟没工夫睡大觉，它只睡一小会儿，唱一首，打个盹儿，然后再唱第二首；半夜里睡一小觉，中午再睡一小觉。

每逢清晨和黄昏，不单是鸟，森林里所有的动物都在吹拉弹唱，各显神通。在森林里既可以听到清脆的独唱、小提琴独奏、敲鼓声和吹笛声，也可以听到吠叫声、嗥啸声、咳嗽声和哼唧声，还可以听到吱吱声、嗡嗡声、呱呱声和咕嘟声。燕雀、莺和擅长唱歌的鸫鸟，用清纯的声音歌唱。甲虫和蚱蜢拉着小提琴。啄木鸟敲着鼓。黄鸟和小巧玲珑的白眉鸫吹着笛子。狐狸和白山鹑吠叫着。牝鹿咳嗽着。狼嗥啸着。猫头鹰哼唧着。丸花蜂和蜜蜂嗡嗡地响着。青蛙先是咕噜咕噜，然后又呱呱呱地叫着。

谁也不会感到难为情，即使没有好嗓子也无妨。动物们都按照各自的喜好选择乐器。

啄木鸟寻找声音清脆的枯树枝，这就是它们的鼓。它们那无比结实的嘴巴，便是最适合的鼓槌。

天牛嘎吱嘎吱地转动坚硬的脖子，难道这不像在拉小提琴吗?

蚱蜢的小爪子上有小钩子，翅膀上有锯齿，于是它便用小爪子挠翅膀。

火红色的麻鹭把长嘴伸到水里，用力一吹，水咕噜咕噜直响，整个湖里响起一阵喧闹声，仿佛牛在叫似的。

沙锥更是别出心裁，它竟然用尾巴唱起歌来。它一跃而起，冲入云霄，然后打开尾巴，头朝下俯冲下来。它的尾巴兜着风，发出一种恰似羔羊在森林上空的叫声。

森林乐队就是这样组成的。

客　人

顶冰花宛如金星似的花朵，早已闪现在乔木和灌木丛下，闪现在离地不是很高的地方。当树木还是光秃秃的、明媚的春光还能自由地直射到地面时，这些花朵就出现了。在阳光的照射下，顶冰花开花了，一旁的紫堇也开花了。

看到紫堇最先开出的花朵，我们快乐极了！它浑身上下都美极了：奇妙的淡紫色小花，开在长长的花茎尖端上，边缘像锯齿似的叶子是青灰色的。

现在，顶冰花和它的朋友紫堇的最好时光已经过去了。树木太茂盛了，影响了它们的生存。不过，它们已经做好了“回家”的准备。它们的家在地下，它们只是到地面上来做客的。种子一播下，它们就消失得无影无踪了。不过在深深的地底下，它们的小球茎和圆块茎却要度过整整一个夏天、一个秋天和一个冬天。

如果你想把它们移植到自己家里，那就要趁那些迟开的花朵还未凋谢的时候，赶紧挖起来。一定要小心翼翼地挖。有时，这种小植物的白色地下茎非常长，长得令人惊叹不已！

通常，在土被冻得厉害的地方，这些小客人的球茎和块茎，躺在离地面很远很远的地方。在暖和的、有东西覆盖着的地方，球茎和块茎就离地面比较近。当你往家里移植的时候，千万记住这一点。

发自尼·芭芙洛娃

田野里的声音

我和同伴去田里除草。我们静悄悄地走着，突然听见鹌鹑在草丛里对我们说：“去除草！去除草！去除草！”

我对它说：“我们就是去除草的呀！”可它还是自顾自地说：“去除草！去除草！”

我们经过池塘。池塘里，两只青蛙正把嘴巴探出水面，鼓动着耳后的鼓膜，拼命叫唤。一只青蛙叫道：“傻瓜！傻瓜！”另一只青蛙回答道：“你才是傻瓜！你才是傻瓜！”

我们来到田边，翅膀圆圆的田凫欢迎我们。它们在我们头顶上扑腾着翅膀，不停地问我们：“你们是谁？你们是谁？”

我们回答道：“我们是从克拉斯诺雅尔斯克村来的。”

发自森林记者 库罗奇金

（来自克拉斯诺雅尔斯克村）

鱼的声音

有人在无线电收音机里，播放了记录着水底声音的录音带。从扩音器里传出的声音，把屋子里的人声都压倒了。这是一些人类从未听见过的声音：嘶哑的啾啾声、嘎吱嘎吱的尖叫声、不知是哪位的呻吟声和哼唧声、某种独特的呱呱声，又突然夹杂着一阵震耳欲聋的嗒嗒声。原来这是黑海里各种鱼类的声音。每一种鱼都有它独特的声音，很容易把它和水下王国里的其他居民区分开。

现在，多亏了特殊的水底音响收听装置（即敏感的水底“耳朵”）的发明，我们才更加坚信水下王国根本不是沉默不语的，鱼类也根本不是哑巴。这具有重大的现实意义。借助于水底测音机，我们可以探知，可供捕食的珍贵鱼类的聚居地及其转移方向。这样一来，就可以在确切知道鱼类行踪的情况下，才出发捕捞，而不是瞎猜一气，盲目出海。将来，人类也很可能学会模仿鱼类的声音，用这种方法来诱捕鱼群。

屋顶下

花粉是花朵中最娇嫩的部分。花粉一旦被打湿，就坏掉了。雨水、露水都对它有害。那么它是如何保护自己，不受损害的呢?

铃兰、覆盆子、越橘的花朵，像小铃铛似的倒挂着，因此它们的花粉都藏在“屋顶”下。

金梅草的花朝天开。但是它的每一片花瓣，都像汤匙似的朝里弯，而且花瓣的边儿相互偎依。这样，就形成一只饱满的、四周封闭的小球。雨点打在花上，可是没有一滴雨水落到里面的花粉上。

凤仙花现在还在含苞待放，它的每一朵花蕾都藏在叶子下面。多么令人匪夷所思啊：花梗架在叶柄上，花就可以一直开在叶子底下，如同躲在屋顶下面。

野蔷薇花的雄蕊很多，每逢下雨，它就把花瓣合拢来。莲花碰到天气不好的时候，也会把花瓣合拢来。

毛茛的花朵往下垂。

发自尼·芭芙洛娃

森林之夜

一位森林记者给我们写信道："夜晚，我到森林里去，倾听夜森林里的声音。我听见了各种声音。可是，我不知道，这些声音都是属于什么动物的。那么，我该怎样为《森林报》描述这个夜森林呢？"

我们答复道："请把你听见的声音描绘出来，我们会设法弄清楚的。"

于是，他给我们编辑部寄来了这样一封信：

"老实说，我在夜森林中听到的，都是些乌七八糟的噪声，根本不像你们在报上所描写的那样，是什么乐队。

"鸟鸣声慢慢安静下来，终于悄无声息了。已经是半夜了。

"听，从高处的某个地方，传来一阵低沉的琴弦声。一开始声音很轻，后来越来越响，汇成一段厚重的低音；随后，声音又变得越来越轻，最后完全停止了。

"我想：'作为开场演出，倒还不错。虽然拉的是单弦，但总算开始了。'

"突然，从树林里传来一阵狂笑：'哈——哈——哈！嗯——嗯——嗯！'这声音令人毛骨悚然，我感到似乎有群蚂蚁从我背上爬过。

“我想：‘这是在夸奖音乐家呢，还是在嘲笑他？’

“又是一阵寂静。等了好久。我想：‘不会再发出什么声音了吧？’

“后来，我听见有谁在给唱机上发条。拼命地上啊，上啊，可就是没有音乐响起。我想：‘它的唱机是坏了还是怎么了？’

“终于不上发条了。万籁俱寂。可后来又上起来了：特勒勒，特勒勒，特勒勒，特勒勒……没完没了，讨厌至极。

“发条终于上好了。我心想：‘现在该插入唱片、开始放音乐了吧。’

“忽然，有人鼓起掌来了。巴掌拍得那么清脆，那么响亮。

“我想：‘怎么回事？还没演奏呢，就鼓起掌来了？’

“这就是我听到的全部声音。后来，又有人给唱机上了好长时间的发条，但什么音乐也没放出来，可是还是有人鼓掌。我很气愤，就回家了。”

我们想说，森林记者不应该气愤。他最初听见的、像低音琴弦似的嗡嗡声，是甲虫（大概是金龟子）在他头顶上飞过。那令人汗毛竖起的哈哈大笑声，是大猫头鹰（灰林鸮）发出的。

毫无办法，它的声音就是那么令人讨厌！

特勒勒，特勒勒，特勒勒，特勒勒，这是蚊母鸟在给唱机上发条。蚊母鸟也是夜里飞行的鸟，只不过它不是猛禽。蚊母鸟当然不会有唱机，声音是从它的喉咙里发出来的。它自己认为那是在唱歌呢！

鼓掌的也是蚊母鸟。它拍的当然不是手，而是翅膀。那声音很像掌声。

它为什么要这么做呢？我们编辑无法解释这一点，因为我们自己也不知道呢。

也许它很开心，闹着玩的。

嬉戏和跳舞

鹤儿们在沼泽地上举办舞会。

它们围成一圈，其中一只或两只走到中间来，于是舞会开始。起初很平常，只不过用两条长腿在蹦跶。后来越跳越起劲儿，索性放开跳了，那些花样百出的舞步，简直能把人笑死！转圈、蹿跳、打矮步，真像是踩着高跷在跳特列帕克舞[1]。站在周围的那些鹤儿，挥着翅膀不紧不慢

① 特列帕克舞，一种顿足跳的俄罗斯民间舞。

地打拍子。

而猛禽呢，在空中嬉戏和跳舞。

表现特别突出的是雄鹰。它们飞到白云下，在高空中展示它们的灵巧。有时，突然把翅膀一收，从那高得令人眩晕的空中，像颗石子似的砸落下来，眼看就要碰到地面了，这才张开翅膀，转个大圈子，凌空而去；有时，张着翅膀、停滞在深邃的高空，一动也不动，仿佛有根线把它拴在白云下似的；有时，忽然在空中翻起跟头来，好比小丑从天而降，回旋着，拍打着翅膀，不停地翻着跟头冲向地面，做着“翻跟头表演”。

最后飞来的一批鸟

春天就要结束了。最后一批在南方过冬的鸟，飞到了我们列宁格勒州。

不出我们所料，这些鸟都穿着最鲜艳华美的衣服。

现在，草场上百花盛开，乔木和灌木都长满了新叶，这些鸟可以毫不费力地躲避猛禽的攻击。

有人在彼得宫的小河上看见了翠鸟。它穿着碧绿、棕色和蔚蓝三色相间的制服。它是从埃及飞来的。

长着黑翅膀的黄色金莺，在树丛里吹着笛子，又好似瘦弱的小猫在叫唤。它们是从南非飞来的。

蓝胸脯的小川驹鸟和色彩斑斓的野鸰，出现在潮湿的灌木丛里。金色的黄鹡鸰飞降在沼泽地上。

粉红胸脯的鶪（jú）鸟（伯劳），戴着华丽的羽毛领子的五彩流苏鹬，还有绿蓝相间的佛法僧鸟，也都飞来了。

长脚秧鸡走来了

从非洲走来了长着翅膀的怪物：长脚秧鸡。

长脚秧鸡起飞很困难，而且飞得也不快。

鹞鹰和游隼很容易在飞行途中把它捉住。

不过，长脚秧鸡跑得飞快，而且擅长躲在草丛里。

因此，它宁愿步行穿越整个欧洲，悄无声息地在草丛和灌木丛中行进。

只有在万不得已的时候，它才会张开翅膀飞，而且只在夜间飞行。

现在，长脚秧鸡在我们这儿的高草丛里整天叫唤："克里克——克里克！克里克——克里克！"

你可以听见它的叫唤，但是假如你想把它赶出草丛，仔细看看它长啥模样，那可办不到。不信你就试试看吧！

几家欢乐几家愁

现在，在森林里，谁都高高兴兴的，只有白桦树在哭泣。

在炙热的阳光下，白桦树白色身躯里的树液越流越快，而且穿过树皮的孔流到外面来了。

人们把白桦树液当作一种既好喝、又有益的饮料，所以他们割开树皮，让树液流到瓶子里。

树液如同人体里的血液，如果树木流出了过多的树液，它就会枯萎而死。

松鼠开荤

松鼠吃了一个冬天的素食。它吃松果，还吃秋天储存起来的蘑菇。现在该是它开荤的时候了。

许多鸟已经筑了巢，产下了蛋。有的鸟甚至已经孵出了雏鸟。

在树枝上和树洞里找鸟巢，掏出小鸟和鸟蛋当饭吃，松鼠干起这一切可内行了。

在毁坏鸟巢这件事情上，这位啃东西的好手不会输给任何猛禽。

我们的兰花

在我国北方，这种有趣的花是稀世珍品。当你看见它的时候，不由自主地会想起它那声名显赫的亲戚：生长在热带森林里的奇兰。在那里，兰花长在树上；在我们这里，兰花只长在地上。

在我们这里，有些兰花的根部令人称奇，像一只张开五个手指头的胖胖的小手。有的花美丽非凡，有的花却丑陋无比。不过，无论哪种兰花都香得沁人心脾，令人陶醉！

但是直到最近，我才头一回在罗普萨看到兰花里面最出色的一种。这种我从未见过的植物，开着五朵美丽的大花。我把其中的一朵朝上翻了翻，立刻厌恶地缩回了手，因为有一只怪模怪样的红褐色苍蝇停在上面。我用花穗拍它，它却一动也不动。我再仔细看了看，原来这不是只苍蝇。它长着毛茸茸的短翅膀，身子像天鹅绒似的光滑，其中夹杂着浅蓝色的斑点。它有头，还长着一对触须。不过，这毕竟不是苍蝇，只是花的一部分。这种花叫作蝇头兰，那时我还从未见过这种花。

发自尼·芭芙洛娃

找浆果去

草莓熟了。在阳光充足的地方，已经可以看见熟透了的红色草莓浆果。它香甜无比！你吃过以后，会久久地回味它的香味。

覆盆子也熟了。沼泽地上的云莓也快要成熟了。覆盆子枝上结了无数的浆果；每棵草莓却最多只结五个浆果。云莓最吝啬，它的茎端上只结一个浆果，而且并不是每一棵云莓上都结浆果。有的光开花，不结果子。

发自尼·芭芙洛娃

这是只什么甲虫

我抓到一只甲虫，却不知道它的名字，也不知道该用什么来喂它。

它长得很像那种名叫瓢虫的甲虫，只不过瓢虫是红色的，带白色斑点，这只甲虫却通体乌黑。它有六只爪子，会飞。身子圆圆的，比豌豆稍大一点。背上长着两片黑黑的硬翅膀，硬翅膀下面长着黄色的软翅膀。每当它抬起黑翅膀、展开黄翅膀时，就起飞了。

当它遇到危险的时候，会把小爪子藏到肚皮底下，把触须和头缩进去，躲了起来，令人忍俊不禁。假如这时你把它拿在手里看，肯定不会说它是只甲虫。它更像一颗黑色水果糖。

但是，如果等一会儿，谁也不碰它，它就会伸出爪子、探出头来，最后伸出触须。

恳请您回答我：这是只什么甲虫？

发自 12 岁的柳霞

编辑部的答复

由于你十分详细地描写了小甲虫，我们立刻就知道了它是只阎魔虫，也叫作龟甲虫。它像乌龟似的，爬得很慢；它也会像乌龟那样，把身体缩到龟壳里面去。它的龟壳非常深，可以把头、脚、触须都藏到龟壳里。

有各种各样的阎魔虫：黑色的、其他颜色的。它们都吃腐烂的植物和厩粪。

有一种长着细毛的黄色阎魔虫，住在蚂蚁窝里。它想去哪儿就去哪儿，然后又飞回蚂蚁窝里。蚂蚁从不打扰它。蚂蚁不仅保护蚂蚁窝，也保护房客阎魔虫，不让敌人攻击它。

燕子筑巢

5月28日

有一对燕子在邻居木屋的屋檐下（正好对着我房间的窗户）筑巢。我非常兴奋，这下我可以亲眼看到燕子如何建造它那著名的小圆房子了。我可以看见从头到尾的全部建筑过程。我还可以知道，它们什么时候开始孵蛋、如何喂养小燕子。我注意观察小燕子，看它们飞到哪里去衔建筑材料，原来是从村子的小河边衔来的。它们飞到紧挨水边的河岸上，用嘴挖起小块淤泥，马上衔着飞回木屋。它们轮流作业，把泥粘在屋檐下的墙上后，紧接着又去衔新的一块。

5月29日

可惜，不单我一个人看到新建筑感到高兴。今天一大清早，隔壁的一只大公猫就爬上了房顶。这是只阴沉着脸的流浪猫，身上的毛都被抓乱了，右眼也在跟别的猫打架时打瞎了。

它一直用左眼瞅着飞来飞去的燕子，而且不止一次地向檐下张望，看巢有没有做好。

燕子惊慌地叫唤。既然猫待在屋顶上不走，它们就不再继续筑巢了。难道它们要永远离开这里吗？

6月3日

最近几天，燕子筑好了形状像把细细的镰刀的巢的底部。大公猫经常爬上屋顶吓唬它们，干扰它们干活。从今天中午起，燕子压根儿没再飞来过。显然，它们准备放弃这项建筑工程了。它们将在别处找到比较安全的地方，那我可就什么也看不到了！

好沮丧啊，好沮丧！

6月19日

最近几天一直炎热。屋檐下那个用黑泥做成的镰刀形状的巢基干了，变成了灰颜色。燕子一次也没飞来。白天天空布满了乌云，不一会儿下起了白花花的雨来。这才叫真正的倾盆大雨！窗外仿佛挂起了一道用玻璃条编织成的细密的帘子。街上一股股雨水像小河似的在奔淌。小河泛滥了，水像疯了似的哗哗流淌，无论从哪里都不能涉水走过小河了。要是踩一脚岸边的稀泥，稀泥差不多没到膝盖了。

一直到将近黄昏的时候，雨才停。一只燕子飞到了屋檐下。它落到镰刀形状的巢基上坐了会儿，然后就飞走了。

我想：“也许燕子不是被猫吓走的，只是因为最近它们找不到筑巢用的湿泥，它们也许还会飞来吧？”

6月20日

飞来啦！飞来啦！而且不止一对，有好大一群呢！它们在屋顶上盘旋着，不时地朝屋檐下看，激动地大叫，似乎在争论什么问题。

它们商量了大约十分钟，然后只留下一只燕子，其余的都飞走了。只见燕子用爪子抓牢镰刀形状的泥巢基，待在那里一动不动，光顾用嘴修理巢基，或者也许是把它那黏糊糊的涎水涂在泥巢基上。

我认为这只雌燕子是这个巢的女主人。因为马上飞来了一只雄燕子，它嘴对嘴递给雌燕子一团泥。雌燕子接过后继续筑巢，雄燕子又飞去衔泥了。

大公猫又上了房顶，可是燕子不怕它了。燕子一声也不叫唤，一直干到太阳下山。

看样子，我总算可以看见燕子巢完工了！但愿大公猫的爪子不要够到它。不过，燕子自己最清楚应该把巢筑在哪里吧。

发自森林记者 维利卡

斑鹟的家

5月中旬的一天，晚上八点左右，我在我家的花园里发现一对斑鹟。它们停在白桦树旁的板棚上。白桦树上挂着一个我做的带活动盖的树洞形人造鸟巢。后来，雄斑鹟飞走了。雌斑鹟留了下来，它落到鸟巢上，但是没有钻进巢里。

两天后，我又看见了雄斑鹟。它钻进了鸟巢，然后停到苹果树上。一只朗鹟飞了过来，于是两只鸟开始打架。原因很简单：朗鹟和斑鹟都是在树洞里筑巢的鸟。朗鹟想抢斑鹟的巢，但是斑鹟坚决不让。

这对斑鹟在树洞状鸟巢里住了下来。雄斑鹟不住地唱着歌，从鸟巢里钻进钻出。

一对燕雀落在白桦树梢上，但是这丝毫未引起斑鹟的注意。这道理也是明摆着的：燕雀和斑鹟不是死对头，燕雀自己给自己做窝，不住在树洞里，而且这两种鸟吃的食物也各不相同。

两天后。

早上，一只麻雀飞到了斑鹟巢里。雄斑鹟向它猛扑过去。于是，一场残酷的战斗在鸟巢里打响了。

忽然，一点儿动静都听不见了。

我跑到白桦树旁，用木棍敲了敲树干。麻雀从鸟巢里蹿了出来。雄斑鹟却没有飞出来。雌斑鹟不停地绕着鸟巢飞，忐忑不安地叫唤着。

我担心雄斑鹟被咬死了，就朝鸟巢里望了望。雄斑鹟还活着，只是十分衰弱无力。鸟巢里放着两个鸟蛋。

雄斑鹟在巢里躺了很久。它飞出来的时候，还是虚弱不堪。它停在地上，几只母鸡来追它。我很为它的命运担心，就把它带回了家，捉苍蝇给它吃。晚上，我又把它送回鸟巢。

又过了七天，我朝鸟巢里瞧了瞧。一股腐烂的气息扑面而来。我看见雌斑鹟伏在巢里孵蛋。雄斑鹟躺在墙边。它已经死了。

我不知道，雄斑鹟是因麻雀再次闯入，还是因第一次战斗留下的伤而死。

当我把雄斑鹟的尸体掏出来的时候，雌斑鹟都没飞出来。它最终还是把小鸟孵出来了。

发自沃洛佳·贝科夫

森林里的战争（续一）

你们还记得，住在采伐迹地上的特约记者所写的报道吗？他们一直在等待，等待采伐迹地变得一片青绿，小枞树破土而出。

这一天真的来到了。下过几场温暖的春雨之后，在一个阳光明媚的早晨，采伐迹地一片葱绿。不过，到底是些什么家伙从土里钻了出来？

原来，根本不是小枞树！不知从哪里冒出来一大群凶悍的野草，竟然抢到了小枞树的前头。这是莎草和拂子茅，长得既快又密。现在无论小枞树怎样拼命地从土里往外钻，它们还是来晚了：野草大军已经占领了采伐迹地。

第一场肉搏战打响了！

小枞树用锋利得像矛枪似的树梢，艰难地拨开头顶层层叠叠的野草。野草们也竭尽全力地往小树身上压。战斗既在地面展开，也在地下打响。

野草和树木的根，就像凶恶的鼹鼠一样在地下乱钻。

为了争夺那营养丰富、充满盐分的地下水，它们你缠我，我绕你，你勒我，我掐你。就这样，无数的小枞树始终未能见到太阳光。它们在地下就被像细铁丝一样既柔韧又结实的草根给勒死了。

而那些好不容易钻出地面的小枞树，面临的是野草茎那令人窒息的拥抱。

野草紧紧缠绕住小枞树结实的树干。小枞树试图用尖树梢拨开富于弹性的、交织在一起的野草茎。可是，野草坚决不让小枞树钻到上面晒太阳。

只在个别地方，偶尔有几棵小枞树成功地钻到了野草大军的头顶。当采伐迹地上的战斗进入白热化的时候，河那边的白桦树才刚刚开花。不过，白杨树已经为远征做好了准备，它们将在河对岸登陆。

白杨树张开了葇荑花序。从每一个葇荑花序里，都飞出了几百颗带白色刷毛的小种子（单腿小伞兵）。每位小伞兵的头上都有一顶白色的小降落伞。风兴高采烈地抓住小刷毛。比羽毛还要轻的小刷毛，不住地在空中打转，像朵白云似的被风带到了河对岸。风松了手，把它们均匀地撒在采伐迹地上，一直撒到枞树国的国界。

单腿小伞兵们像雪片似的，飘到小枞树和野草的头上。一下雨，它们就被冲入地下，埋入土里。于是它们暂时失去了踪影。

日子一天天地过去了。采伐迹地上的战斗还在继续。不过,现在已经很明显,野草根本斗不过小枞树。野草拼命地想往高里蹿,但很快就停止了生长。小枞树却还在继续长高。

这下子,野草们的日子可不好过了。小枞树那宽大黝黯的针叶树枝,铺展到野草的头上,夺走了野草的阳光。在树荫里,野草很快败下阵来,无力地倒伏在地面上。

但是,这时另外一支队伍(小白杨)从土里冒了出来。它们成群结队地来到这世界,显得惊慌不安,相互挤在一起,浑身发抖。

它们迟到了,没有力量与小枞树决一死战了。

枞树把晦暗的针叶树枝伸到小白杨的头上,小白杨只得蜷缩起身子。在树荫里,它们很快就枯萎了。

白杨树非常喜爱阳光,离开太阳就活不了命。

枞树眼看就要胜利了。

这时,又有一批新的敌国空降部队,降落在采伐迹地上。它们乘着两只翅膀的小滑翔机飞来,刚一露面,就躲进土里不见了。这是白桦种子。它们嬉戏着飞过了河,散落在整个采伐迹地上。

我们的特派记者还不清楚:它们能战胜先到的占领军——枞树吗?

我们将把有关它们的新报道,刊登在下一期的《森林报》上。

集体农庄纪事

集体农庄庄员们要干很多活：播种完后，必须把粪肥和化肥运到田里，给田施上肥，为秋播做好准备。接下来，必须忙菜园里的活：先种马铃薯，再种胡萝卜、黄瓜、芜菁、饲用芜菁和甘蓝。这时亚麻也长高了，该给它们除草了。

孩子们也没在家里闲着。他们在田里、菜园里、果园里忙碌，做大人的好帮手。他们协助大人播种、除草、修剪果枝。集体农庄里的活儿真多啊！他们得编完够用一整年的白桦帚[①]，拔嫩荨麻。嫩荨麻可以用来做汤喝，用嫩荨麻和酸馍做的绿色菜汤美味极了。他们还用各种方法捕

① 白桦帚是俄罗斯人用来洗澡的。他们把白桦树枝和枝叶扎成一束，洗澡的时候用来拍打身子。有点类似于我们的丝瓜瓤。

鱼：用钓鱼竿钓小鲤鱼、斜齿鳊、红鳍鱼、鳜鱼、鲈鱼、鳊鱼和鲔鱼等；撒下鱼簖和鱼梁捕鳕鱼和小梭鱼；用鱼饵抓鳜鱼、梭鱼和鳕鱼。

晚上，他们用大捞网捕捞各种鱼。捞网就是用一根长竿子，在一头绑上袋形网做成的捕鱼工具。

夜晚，他们在河岸边装好捕捉龙虾的簖。他们坐在篝火旁，等待龙虾陆续爬进簖里。大家边等边轮流讲故事，既讲滑稽故事，也讲恐怖故事。

清晨，再也听不到田公鸡（灰山鹑）在田里叫唤了。秋播的黑麦已经长到了齐腰高；春播的庄稼也长高了。

田公鸡依旧住在老地方，但是它不能叫唤了。它停在了巢旁边，巢里有蛋，雌山鹑正在巢里孵蛋呢。现在它必须沉默不语，否则会招来祸事的：不是鹰应声而来，就是孩子们或者狐狸跑过来，他们可全都是捣毁鸟巢的高手啊。

帮助大人们干活

刚一放假，我们少先队员就开始帮集体农庄庄员们干活了。我们在田里除草、消灭害虫。

我们既休息、又劳动。感觉好极了。

今后还有很多农活和麻烦事要做。马上就要收割庄稼了。我们将去拾麦穗，帮助女庄员们捆麦子。

发自森林记者 安娜·妮基吉娜

新的森林

在俄罗斯联邦的中部和北部地区，春季造林工作已经结束。

一共种植了大约10万公顷的新森林。

今年春天，在苏联欧洲部分的草原地带和森林草原地带，各集体农庄新开辟了大约25万公顷的护田林带。

与此同时，集体农庄还创建了大批苗圃，明年将可提供10亿多株乔木和灌木树苗。

到秋天，俄罗斯联邦林场将再新造几万公顷森林。

发自列宁格勒塔斯社

集体农庄新闻

逆风助手

突击队员集体农庄收到寄自亚麻田的一封投诉信。小亚麻抱怨，田里出现了敌人——杂草，杂草多得让它们没法活了。

集体农庄立刻派出女庄员去帮助亚麻。她们镇压敌人——杂草，细心呵护亚麻。她们脱下鞋子，赤着脚，小心翼翼地逆风行走。亚麻在女庄员的脚下，倒下去了，可是逆风把亚麻茎推了推，就把亚麻扶起来了。于是亚麻站起身来，似乎什么事也没发生过一样。它们的仇敌却被消灭掉了。

今天第一次

今天第一次把一群小牛犊放到牧场上去。它们高兴极了，撅起尾巴，尽情地跑啊、跳啊。

绵羊妈妈脱衣裳

在红星集体农庄的绵羊理发室里，十位经验丰富的剪毛工人，正在用电推子给绵羊剪毛。他们剪呀剪，把绵羊全身的毛都剪了下来，似乎给绵羊脱掉了一件衣裳。

当牧羊人把剪完毛的绵羊妈妈们放到小绵羊身边去的时候，小绵羊问："谁是我的妈妈呀？"

小绵羊咩咩地叫，可怜巴巴地问："妈妈，你在哪里呀？你在哪里呀？"牧羊人帮每一只小绵羊找到了妈妈，然后又回到绵羊理发室给下一批绵羊剪毛了。

牲口越来越多

集体农庄的牲口数一天比一天多。光今年春天，就出生了好多小马、小牛、小绵羊、小山羊和小猪呀！

昨天一夜时间，小河村的小学生家畜饲养室里的牲口，就增加了三倍。从前只有一只山羊，现在增加到四只：山羊妈妈卡姆什卡和三只小山羊——库加、穆萨和施嘎利克。

好日子就要到了

果园里的好日子就要到了。草莓已经开过了花；圆圆的樱桃树上，开满了白色的花；昨天梨树上也绽放出花蕾。一两天后，苹果树也要开花了。

在“新生活”集体农庄里

南方蔬菜——番茄秧昨天搬了新家，搬到了池塘边的田里。

以前它们住在温室里。黄瓜秧做了它们的邻居。番茄——这些体格健壮的半大小伙子，正要开花。黄瓜秧小宝宝躺在白色的封套里，只露出个小鼻尖。土地妈妈保护它们，不让馋嘴的鸟儿看见它们。黄瓜秧能很快长高，赶上番茄吗？

帮助六只脚的劳动者

一说到跟农业有关的昆虫，我们立刻想起一大群个儿虽小，但是对于庄稼来说十分可怕的敌人。我们竟完全忘记了，有很多六只脚的小朋友，在田里给我们干活。我们竟忘记了，它们在给植物授粉中，发挥着巨大的作用。有许多长着翅膀的六条腿的昆虫，比如蜜蜂、丸花蜂、姬蜂、甲虫、蝇类和蝴蝶，为黑麦、荞麦、大麻、苜蓿和向日葵等植物授粉，把花粉从一朵花送到另一朵花。

有时，这些小劳动者的力量还不够，不能满足所有庄稼的授粉需求。那么，我们就得亲自帮助它们。

我们用一根长绳当耙子，为黑麦、荞麦、亚麻和苜蓿等授粉。两人各拉住长绳的一端，从开花植物的梢头上拖过去，把梢头稍稍压弯下来。这样，花粉纷纷从花上落下来，随风飘散到田里，或者沾到绳子上，被带到其他花上去。可以这样给向日葵授粉：先把花粉收集在一小块兔子皮上，再把兔子皮里的花粉撒到所有正在开花的向日葵花盘上。

城市新闻

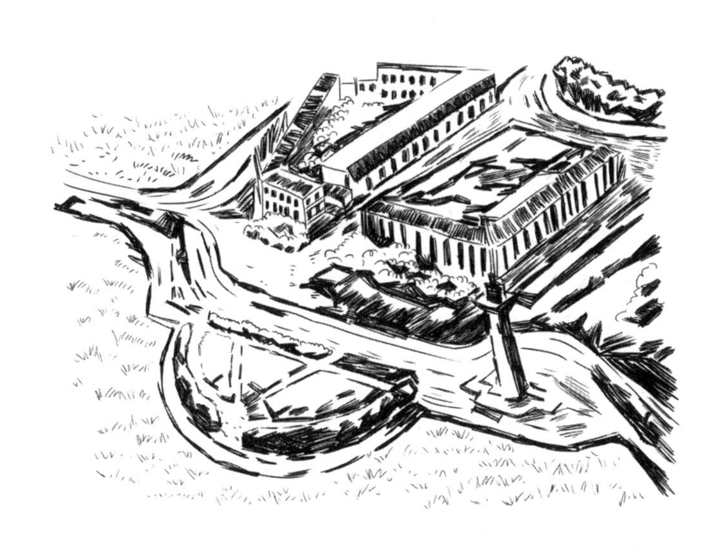

列宁格勒市的驼鹿

5月31日一大清早，有人在列宁格勒市梅契尼克夫医院旁看见一只驼鹿。这并非驼鹿第一次出现在市区。近几年来，驼鹿出现了好几次。大家猜测，它是从弗希沃罗德区的森林里跑过来的。

说人话的鸟

一位市民来到《森林报》编辑部，讲述了这么一件事：

“早晨，我在公园里散步。忽然，有人从灌木丛里不断地用哨音大声地问我：‘看见特利什卡了吗？’我朝四周瞧瞧，一个人也没有，只看见一只通体发红的小鸟，落在灌木丛上。我朝它打量了一会儿，心想：‘这是只什么鸟呀？叫声那么清晰。它问的特利什卡又是谁呢？’紧接着，它又问起来了：‘看见特利什卡了吗？’我朝它迈了一步，想走近点看个究竟。可是它嗖地一下飞进灌木丛中不见了。”

这位市民看见的鸟，叫红雀。它从印度飞来。的确，它的尖啸声听起来很像在提问。不过，每个人都按照自己的理解，把它翻译成人的语言。有的人认为它在问：“看见特利什卡了吗？”也有的人认为它在问：“看见格利什卡了吗？”

海底来客

许多各种各样的鱼从大海里游到江河里产卵。然后小鱼又从河里游回到大海。

只有一种鱼，产在海洋深处，然后从深海游到河里来生活。

它的出生地，在大西洋的马尾藻海[1]。

这种不同寻常的鱼，就叫扁扁鱼。

你没听说过这样的鱼吧?

这也不奇怪：因为只有当它很小、还住在海洋里的时候，才这么叫的。

那时候，它通体透明，连肚子里的肠子都被看得清清楚楚。两侧扁扁的，像片树叶。但等它长大了，却变得像条蛇了。

这时，人们才想起它真正的名字——鳗鱼。

扁扁鱼先在藻海里住三年。到了第四年，它们变成了小鳗鱼，不过身体还是像玻璃般透明。

① 马尾藻海（Sargasso Sea）是大西洋北部的一个海，因海面漂浮大量马尾藻而得名。马尾藻海是世界上最清澈的海，其最清澈处能见度可达 75 米。——译者注

现在，这种玻璃似的鳗鱼，正成群结队地涌进涅瓦河。

它们从故乡大西洋神秘的深海游到这里，一路上至少要经过2500公里！

试　飞

当你在公园里、大街上或林荫路上走的时候，请不时抬头瞧一瞧，看有没有小乌鸦或小椋鸟从树上掉下来，小寒鸦或小麻雀从屋檐上摔下来，掉到你头上。现在它们刚刚离开巢，正在学习飞行呢！

城郊漫步

最近几天，住在城郊的人夜里会听到一阵阵断断续续的、低沉的嘶鸣声："呋契——呋契——呋契——呋契！"叫声先从一条沟里传过来，然后又从另一条沟里传过来。原来这是斑胸田鸡在城郊漫步。斑胸田鸡是长脚秧鸡的亲戚，也和长脚秧鸡一样，步行穿越整个欧洲，徒步走到我们这里来了。

采蘑菇

当老天爷尽情地下过一场温暖的大雨之后，你就可以到郊外去采蘑菇了。红菇、鳞皮牛肝菌和美味牛肝菌纷纷从土里钻出来。这是夏季的第一批蘑菇，被统称为麦穗菇，因为它们出生的时候，秋播黑麦刚好开始抽穗。很快，一到夏末，它们就消失不见了。

当你看到花园里紫丁香花凋谢了，就知道春天过完了，夏天开始了。

有生命的云

6月11日，很多人在列宁格勒市的涅瓦河畔散步。烈日炎炎，天空中一丝云也没有。房子和街上的柏油马路，被太阳烤得滚烫，人热得连气都喘不过来。孩子们在玩耍。

突然，在宽宽的河那边，飘起了一大朵灰色的云。

大家都停住了脚步，望着它。这朵云飞得很低，几乎贴着水面在飞。人们看着它越变越大。

终于，它带着沙沙的喧闹声，把散步的人团团围住了。这时大家才明白，这不是云，而是一大群蜻蜓。

一瞬间，周围的一切都发生了神奇的变化。

因为有这么多小翅膀在扇动，空气中掠过了一阵凉爽的微风。

孩子们也不再顽皮了。他们欢天喜地地望着：阳光透过彩色云母似的蜻蜓翅膀，空中闪着美丽的七彩霞光。

游人们的脸一下子变得色彩斑斓起来：无数小彩虹、日影和小星星在他们的脸上跳跃。

这朵有生命的云沙沙地响着，掠过河岸上空，后来升得越来越高，飞到房屋后面不见了。

这是一群刚出生的小蜻蜓，它们友好地、成群结队地去寻找新住所。人们始终不知道，它们从哪里孵化出来，又要飞到哪里去栖息。

通常，在各处都能见到成群结队的蜻蜓。要是你看见了它们，不妨留意一下小蜻蜓来自哪里，又将飞到哪里去。

列宁格勒州的新野兽

最近几年，在列宁格勒州叶非莫夫区和相邻几个区的森林里，猎人们经常碰到一种本地居民不认识的野兽。这种野兽的个头几乎跟狐狸一样高。原来它是乌苏里的浣熊狗，或者被简称为浣熊。

它为什么会跑到这里来?

答案很简单：用火车运来的。

10年前，人们运来了50只浣熊，放养在我们州的森林里。在这些年里，它们繁衍了大批的后代，现在已经允许猎人捕猎这种野兽了。

乌苏里浣熊的毛皮非常珍贵。因为它们在这里不冬眠，所以在我们州，整个冬天都可以捕猎浣熊。而在气候严寒的故乡，它们是冬眠的。

欧　鼹

有人以为欧鼹是啮齿类动物，跟住在地底下的老鼠一样，在地下乱爬，啃食植物的根。可是，这是对欧鼹的诬陷，因为鼹根本不属于鼠类，它更像是身穿天鹅绒般柔软光滑皮大衣的刺猬。鼹也是食昆虫的兽，吃金龟子和其他幼小的害虫，因此鼹对人类非常有益。在毁坏植物这件事情上它是无罪的。

不过，假如有人不肯原谅鼹，因为它在花园或菜园里刨洞，把一堆堆泥土抛撒在花台或菜畦上，进而碰坏了花或者好吃的蔬菜，那么可以从容地在地上插一根长竿子，在长竿子上端装一个小风车。

风一吹，风车就转，长竿子随之抖动，下面的土地也一起颤动，鼹洞里就会嗡嗡作响。这样一来，鼹立刻四处逃散了。

发自少年自然科学家 尤兰

蝙蝠的回声探测器

夏天的夜晚，一只蝙蝠飞进了打开的窗户。“把它赶走！快把它赶走！”女孩子们大叫着，赶紧用围巾裹住自己的头，一位秃头老爷爷嘟哝道：“它是冲着窗户里的亮光来的，干吗要钻到你们的头发里去啊。”

直到不久前，科学家们还搞不明白，为什么蝙蝠在漆黑的夜间飞行，不会迷路。

人们曾经蒙住它们的眼睛，塞住它们的鼻子。可是，它还是能躲避空中的一切障碍物，连拴在屋里的细线都能躲开，灵活地逃避天罗地网。

随着回声探测器的发明，谜底被揭开了。现在，科学家们确认：所有的蝙蝠，飞行时都用嘴发出超声波，即人类耳朵听不见的、非常尖细的叫声。无论它碰到什么障碍物，都会反射回来。蝙蝠灵敏的耳朵可以“接收”这些信号：“前方有墙！”“有线！”或者“有蚊子！”只有妇女茂密细长的头发，不能很好地反射超声波。

秃头老爷爷当然没什么危险，可是女孩子们的浓密长发，却真的会被蝙蝠当成“窗户里的亮光”，很可能会冲着其中一扇猛扑过来。

给风打分数

当风小的时候，它是我们的朋友。

在炎热的夏季的中午，假如一丝风也没有，我们会热得喘不过气来。如果平静无风，烟囱里的烟就会笔直地升上天空。如果空气以每秒不到半米的速度流动，我们会觉得一丝风也没有，我们给它打0分。

微风的风速，是每秒1～1.5米，或每分钟60～90米，或每小时3.5～5.5公里。这是人步行的速度，这种风已经能把烟囱里的烟柱吹歪了。我们觉得脸上凉风习习，不会感到气闷，很舒适。我们给这种微风打1分。

轻风的速度，是每秒2～3米，也就是每分钟120～180米，或每小时7～11公里。这大约相当于人跑步的速度。树叶被吹得沙沙作响。我们在记分簿里，给轻风打2分。

软风的速度，是每秒4 ~ 5米，也就是每小时14.5 ~ 18公里。这大约相当于马小跑的速度。软风摇晃细树枝，快乐地推着纸折的小船跑。我们在记分簿里，给软风打3分。

气象学里的和风指的是：吹起道路上的灰尘，激起大海里的波浪，摇动树林里的粗树枝。它的速度是每秒6 ~ 8米。我们给它打4分。

疾风的速度，是每秒9 ~ 10米，或每小时32 ~ 36公里。这大约相当于乌鸦飞行的速度。这种风吹响树梢，摇动树林里的细树干，掀起大海里的波浪。它吹散大大小小的蚊子。我们给它打5分。

大风开始捣乱了。它使劲摇晃森林里的树木；把晒在晾衣绳上的衣服扔在地上；把帽子从人脑袋上刮下来；把排球往旁边乱推，不让人好好打球。它的速度相当于每小时39 ~ 43公里的火车客车行驶速度。幸亏气象学家们给风打分数，用的是12分制。像我们学校里的5分制，就不够用了。气象学家给大风打上足足6分。

接下来，请在第八期《森林报》上看我们关于风的报道：在我们这儿，秋天风最大。

打　猎

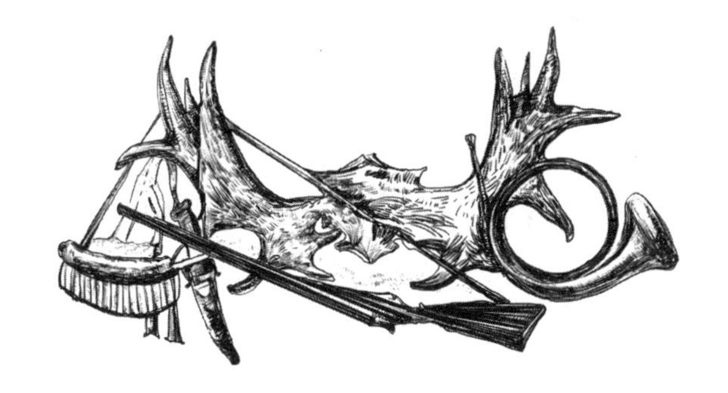

我国幅员辽阔。在列宁格勒附近，春天狩猎的季节早已结束，可是在北方，河水才刚刚泛滥，正是打猎的好时光。这时候，很多狩猎爱好者，赶到北方去打猎。

小船荡漾在春水泛滥的地区

天空乌云密布，今天的夜，如同秋夜一样黑。

我和萨索伊其乘着一艘小船，在林中小河里快速滑行，这条河的两岸高耸陡峭。我坐在船尾划桨，他坐在船头。

萨索伊其这位猎人，擅长打各种飞禽走兽。他不喜欢捕鱼，甚至看不起钓鱼人。尽管今天他也去捕鱼，可是他并未改变老脾气：他认为他是去“猎”鱼，而不是用鱼钩钓鱼、用渔网捞鱼，或者用什么别的渔具捕鱼。

经过高耸的河岸，我们来到了宽阔的春水泛滥区。有些地方，灌木的梢头露出水面。再往前，只看见一片模糊的树影。然后，就是黑压压的、像一堵墙似的森林了。

夏天，有条窄窄的堤坝把小河和小湖隔开来，堤上长满了灌木。有一条狭窄的水道，从湖里通向小河。不过，现在四周水都很深，所以用不着去找这条水道。小船自由地穿行在灌木丛间。

船头的一块铁板上堆着枯枝和引柴。

萨索伊其擦了一根火柴，点着了篝火。

跳跃的火苗发出红黄色的光，照耀着平静的湖面，也照耀着小船旁边光秃秃的黑色的灌木枝。

我们现在没时间东张西望。我们全神贯注地盯着水下面，盯着火光照亮的水深处。我轻轻地划着桨，一直没有把桨伸出水面。小船悄无声息地行走着。

一个魔幻般的世界，在我的眼前漂动着。

我们已经划到了湖中央。似乎有好几位巨人隐藏在湖底，他们的身子埋在泥里，只露出头顶，凌乱的长发静静地漂浮着。这是水藻还是野草呢?

瞧，这是一个深不见底的黑乎乎的水潭。也许它并没有那么深，因为火光最多只能照到水里两米深。可是，瞧着这漆黑的深潭，让人感到很恐怖：谁知道湖底藏着什么怪物啊?

瞧，从水底，从黑暗处，起初缓慢地、后来越来越快地升起一个银色的小球。球变得越来越大。

现在它冲着我的眼睛飞过来了，眼看就要跳出水面，击中我的额头……

我不由自主地把头缩了起来。

这只球变得火红火红的，冲出水面，然后就炸了。

原来是个普通的沼气泡!

我仿佛坐在飞艇上，穿行在一个陌生的星球上。

树木茂盛挺拔的岛屿在船底下滑过。岛上长的是芦苇吗?

一个黑乎乎的怪物，把它那双粗糙的手（触须），颤巍巍地朝我伸过来。这怪物很像章鱼，也像乌贼，不过，触须更多，样子更丑陋、更可怕。这到底是什么呀?

原来是一根沉在水里的粗树干。是棵长着交叉树根的白柳树!

萨索伊其的举动，让我关注到他。

他站在小船上，左手举起鱼叉（他是个左撇子）。他的双眼炯炯有神，直盯着水里。他的样子威武极了，似乎这个身材矮小、满脸胡髭的军人，擎起长矛将要刺死的，是跪在他脚下的敌人。

鱼叉的柄长有两米。下端镶着五个闪闪发光的钢齿，每个钢齿上还带有倒齿。

萨索伊其向我转来被篝火照得通红的脸，扮了个怪相。我把船停住了。

猎人开始小心翼翼地把鱼叉插入水里。我朝水下望了望，只见水深处有道笔直的黑影。起初我以为是根木棍，后来才明白是条大鱼的脊背。

萨索伊其慢慢地把鱼叉伸向水深处。他把鱼叉斜对着那条鱼，后来手握着鱼叉不动了。

突然，他把鱼叉竖直，猛地用尽全力刺进了那条鱼的黑脊背。

当他把猎获物拖出来时，湖水一阵翻腾：只见一条大鲤鱼在鱼叉上拼命挣扎。鲤鱼足有两公斤重。

船继续前行。不久，我看见一条不是很大的鲈鱼。它把头钻入水底的灌木丛里，一动也不动，仿佛在冥思苦想着什么。

这条鲈鱼离水面很近，我甚至能清楚地看见它侧腰上的黑条纹。我瞧瞧萨索伊其。他否定地摇了摇头。

我明白，这只猎物对他来说太小了。于是我们放过了它。

我们就这样绕着湖转。水下王国的迷人景象，一幕幕地在我眼前掠过。甚至当应该停住小船、观看猎人捕获水下猎物的时候，我还舍不得移开视线。

又是一条鲤鱼、两条大鲈鱼、两条金色的细鳞鲤鱼，它们都从湖底进入了我们小船舱。黑夜就要过去了。现在我们的船在田里划行。一根根燃烧着的枯枝和通红的木炭，掉进水里嗞嗞作响。偶尔从头顶传来一阵野鸭扑腾翅膀的声音。在那黑漆漆的长满树的小岛上，一只小猫头鹰声音柔柔地叫着，仿佛在告诉什么人："我在睡觉，我在睡觉。"一只小水鸭在灌木丛后悦耳地低声吟唱。

我看见船前横着一根短木头，便把小船往旁边一拐，免得撞上它。可是，这时突然听见萨索伊其气呼呼地低声喝道："停……停……嗞！梭鱼！……"

他激动得连说话都带起嗞嗞声来了。

他迅速把鱼叉柄上端的绳子缠绕到自己手上，仔细地、久久地瞄准着，然后小心翼翼地把鱼叉插入水中。

他用尽全力刺向梭鱼。

这条鱼竟拖着我们走了好长一段路！幸亏鱼叉刺得深，它才没挣脱掉。

这条梭鱼足足有七公斤重。

当萨索伊其费了好大力把它拖上船的时候，天几乎大亮了。透过薄雾，从四面八方传来琴鸡清脆的、叽叽咕咕的叫声。

“太好啦！”萨索伊其兴奋地说，“现在我来划船，你来开枪。可别错过机会啊！”

他把烧剩的枯树枝扔进水里，我们调换了一下在小船里的座位。清凉的晨风很快吹散了薄雾。天空一片澄净。这是一个美丽晴朗的早晨。

我们沿着林边划着船。树木被一层绿色的薄雾笼罩着，光滑的白桦树干和粗糙的黑枞树树干矗立在水面。遥望远方，树林仿佛挂在半空中一般。往近处看，眼前浮动着两片树林：一片树林树梢朝上，一片树林树梢朝下。镜子般的水面，奇妙地荡漾着，反射出一根根白色和黑色的树干，摇散了千条万条细树枝。

“预备……”萨索伊其低声警告说。

我们沿着银光闪闪的水面，划到了白桦树林旁。一群琴鸡栖息在光秃秃的树枝上。叫人不解的是：这么纤细的树枝，为什么没有被这群粗大笨重的鸟压垮呢？

在晴朗的天空下，雄琴鸡黑得格外耀眼。它的身体壮实，长着小脑袋、长尾巴，尾巴尖上还拖着两条辫子。淡黄色的雌琴鸡显得比较朴素、轻盈。

几只乌黑和淡黄色的大鸟，摇晃着脑袋，在丛林下面的水里荡悠着。我们已经离它们很近了。萨索伊其轻轻地划着桨，让小船沿着林边走。为了不惊动那些警觉的鸟儿，我缓慢地举起双筒枪。

所有的琴鸡都伸长脖子，朝我们转过小脑袋来。它们很惊讶：在水上漂的是什么玩意儿呀？危不危险呀？

鸟的思维很迟钝。现在我们离最近的一只琴鸡只有五十来步远了。它正在不安地转动着小脑袋，心想：万一发生了什么情况，该往哪里飞呢？它不停地倒换着两脚。

细树枝被它压弯了腰。为了保持身体平衡，它慌乱地扑了两三回紧绷的翅膀。不过，它看到同伴们都待在原地不动，也就放心了。

我开了一枪。枪声轰鸣着，沿着水面向树林滚过去，又像碰到一堵墙似的，传了回来。

琴鸡乌黑的身体，扑通一声掉进水里，溅起一股七色水柱。一大群琴鸡，急遽地扑着翅膀，一下子都从白桦树上飞走了。

我急忙开了第二枪，射向飞离的一只琴鸡，可惜没打中。

但是，一大早就打到了这么一只羽毛美丽的琴鸡，难道还不满意吗？

“好收成！”萨索伊其向我道喜。

我们捞起湿漉漉、低垂着翅膀的死琴鸡，慢悠悠地划回家去。

一群群野鸭在水面上飞快地掠过；勾嘴鹬尖啸着；两岸的琴鸡叫得更清脆、更欢畅了，既唧唧咕咕地叫，也气呼呼地“丘呋丘呋”地吼。太阳升到了树林的上面。

百灵鸟在田野的上空鸣叫。我们虽然一宿没睡，却一点也不困。

发自本报特派记者

诱 饵

熊在附近闹事。一会儿听说某个集体农庄里一头小牛被咬死了，一会儿又听说另一个集体农庄里一匹小马被咬死了。

在会上，萨索伊其说得挺有道理，他说："还等什么？在熊碰咱们的牲口群之前，必须采取措施。加甫利奇的小牛不是死了吗？把它交给我，我用它作捕熊的诱饵。如果熊也到咱们的牲口群边打转转、东张西望的话，那它一定会去瞧瞧诱饵。它要是来了，休想碰咱们牲口的一根毫毛。我一定想办法干掉它。"

萨索伊其是我们这里最出色的猎人。

集体农庄把加甫利奇的死小牛交给了他。让他放手去干吧！以后我们可以安心点。

萨索伊其把死小牛装在大车上，运到树林里，放到一块干净的空地上。他把小牛翻了个身，让它头朝东躺着。

萨索伊其是打猎的行家。他知道，熊从来不碰头朝南或头朝西的尸体，它会怀疑这是圈套。

萨索伊其用未剥皮的桦树枝，做了一道矮栅栏，把小牛围了起来。接着在离栅栏二十来步远的地方，在两棵并排的树上，搭了个离地约两米高的棚子。这是个用树干搭的平台，猎人夜里可待在上面守候野兽。

全部准备工作完成了。可是，萨索伊其并没有爬到平台上去，他回家睡的觉。

一个礼拜过去了，他还是在家里过夜。早上他挤出点儿时间，去木栅栏那儿转了一圈，卷根烟抽了会儿，然后就回家了。

集体农庄庄员们开始嘲笑他了。小伙子们挤眉弄眼地对他说："怎么样？萨索伊其，在自家的热炕头上，睡得更香一些吧？你不愿意在树林里守夜，是不是？"可是他回答道："贼不来，守了也是白守呀。"

他们又对他说："小牛可已经发出臭味啦！"他说："那不正好嘛。"

他那么泰然自若，你能拿他怎么办。

萨索伊其知道事情该如何处理。他也知道，熊已经不止一天地绕着牲口群打转转了。只是因为眼前有个现成的死牲口，所以它就没有来袭击活牲口。

萨索伊其知道熊闻到了死牛的臭味，像人的尸体那样的臭味。猎人的眼睛很敏锐，他在放小牛的栅栏周围，发现了熊的脚爪印。熊还没有碰过小牛，看来它的肚子还饱饱的，要等尸体发出更大的臭气，才更有滋有味地美餐一顿。这种林中野兽的口味就是如此。

死小牛在树林里躺了一个多星期了。萨索伊其依旧在家里过夜。

最后，他根据脚印判断，熊爬过了栅栏，从牛尸上扯下了一大块肉。

当天晚上，萨索伊其背着猎枪爬上了平台。

夜里，树林里静悄悄的。野兽睡了，鸟儿也睡了。

不过，并非所有的动物都睡了。猫头鹰扑着毛茸茸的翅膀，悄无声息地飞过，它在寻找草丛里窸窣作响的野鼠。刺猬在林子里来回踱步，它在寻找青蛙。兔子在吭哧吭哧地啃着白杨树的苦树皮。獾在土里寻找它认识的细植物根。这时，熊悄悄地靠近了死小牛。萨索伊其困得上下眼皮直打架。往常在深夜的这个时候，他睡得正香。现在他直打瞌睡。

突然，有什么东西吱的一响，他不由得打了个冷战。

也许他听错了吧？

没有听错。虽然天上没有月亮，可是北方的初夏夜，即使没有月亮也亮堂得很。可以清楚地看见，一只黑黑的野兽在攀爬白桦树栅栏。

熊已经在大声地咀嚼着，在享用人家款待它的美味佳肴。

“等等，”萨索伊其自言自语地说，“我这里还有更好的东西招待你呢，请你尝尝铅弹丸子。”

他举起枪，瞄准了熊的左肩胛骨。

突如其来的一声枪响，如雷鸣般震动了沉睡的森林。兔子吓得一蹿半米高。獾吓得呼噜呼噜直叫，慌忙奔回洞穴。刺猬缩成一团，身上的刺一根根竖了起来。野鼠溜进了洞。猫头鹰悄悄地躲到大枞树的黑影里去了。

但是，很快就安静下来。于是夜里出动的野兽，又放大了胆子，开始各干各的事了。

萨索伊其从平台上爬下来，走到栅栏边，卷了一支香烟，抽了起来。他不紧不慢地走回家去。天快亮了，得睡一会儿，哪怕睡一小会儿也好呀。

等到集体农庄里的人都起来了，萨索伊其对小伙子们说：“嗨，好汉们，套上车，到树林里去把熊拉回来吧。熊再也伤不了咱们的牲口了！”

打靶场

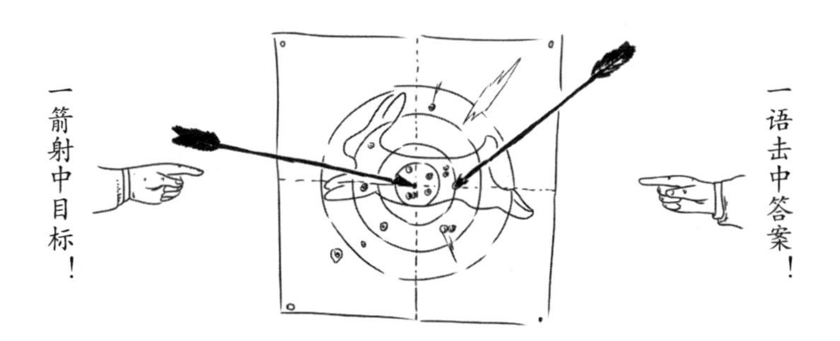

第三场比赛

1. 什么甲虫以出生月份命名？
2. 蚱蜢靠什么发出咔嚓声？
3. 沙锥用什么发出“咩咩”的叫声？
4. 为什么红褐色的鹭鸶被叫作“水牛”？
5. 蜘蛛有几条腿？
6. 甲虫有几只翅膀？
7. 哪种鸟从南方到我们这里来，其中一段路是步行的？
8. 椋鸟孵出小鸟后，把啄破的蛋壳扔到哪里去了？

9．哪种动物的耳朵长在腿上？

10．哪种鸟叫起来像瘦弱的猫？

11．青蛙卵和癞蛤蟆卵的区别何在？

12．长脚秧鸡长得有多高？

13．哪种鸟“汪汪”叫？

14．哪种鸣禽最晚飞到我们这里来？

15．丁香花开，是春天还是夏天？

16．树根底下，热闹非凡；树林中间，铁匠打铁；树林上空，灯火明亮。（谜语）

17．行路的人用得上，赶车的人用得上，病人也用得上。（谜语）

18．洁白似雪，黑如甲虫，绿似嫩葱。转起圈来像疯子，在树林里直打转。（谜语）

19．不用手织，却被编成了网。（谜语）

20．又细又长，落到苔草里；自己不出来，却把孩子放出来。（谜语）

21．请我来、等我来，我来了之后，它却躲起来。（谜语）

22．像只小牛没有角，额头宽宽眼睛小；碰不得，摸不得，牲口群里有它就遭了殃。（谜语）

23．什么动物出生时就长着胡子？

24．一个说：“开始跑！”一个说：“躺下来！”还有一个说：“蹲下来！”

通　告

演出和音乐

赶快去看！

在僻静的林中小湖上，长满了青草和芦苇。在这里，可以看到最有意思的演出。为了观看这场演出，必须在湖边搭个小棚子，躲进里面。

在晴朗的清晨的霞光中，两个服装艳丽的演员从草丛里游了出来。这是两只漂亮的小鸟，嘴巴又细又红，华丽的衣领一直齐到脸颊，在初升的太阳的映照下，闪着鲜艳的古铜色光芒。这是鸊鷉。请安静地坐着，看它们将如何表演。

瞧！它们并排游着，肩并着肩，仿佛列队的士兵一样。突然，似乎听见了“分开游”的命令，它们立刻转过身来，面对面鞠了个躬，跳起舞来。

然后，它们伸直脖子，头往后仰，微微张开嘴巴，仿佛在发表重要讲话。突然它们一起嘴朝下，猛地钻入水中，甚至没溅起一丝水花！一分钟后，一只接着另一只从水里跳出来，立在水面上，仿佛站在地上一样。它们挺直身子，互相传递着各自从水底衔起的一束青苔，仿佛在交换两条绿手绢似的。

你忍不住鼓起了掌，它们立刻消失不见了；躲到芦苇丛中去了！

第二场锐眼竞赛

如何区分它们?

1. 如何区分栖息在水面上的矶凫和野鸭?

图 1

2. 图2和图3，是我们这里的两种兔子：灰兔和雪兔。冬天，谁也不会混淆它们，因为在冬天，它们一只是灰色的，另一只是白色的。但是到了夏天，两种兔子都变成了灰色的，该如何区分它们?

图 2

图 3

3．图4、图5和图6，画着三种小兽。它们的区别在哪里？各叫什么名字？

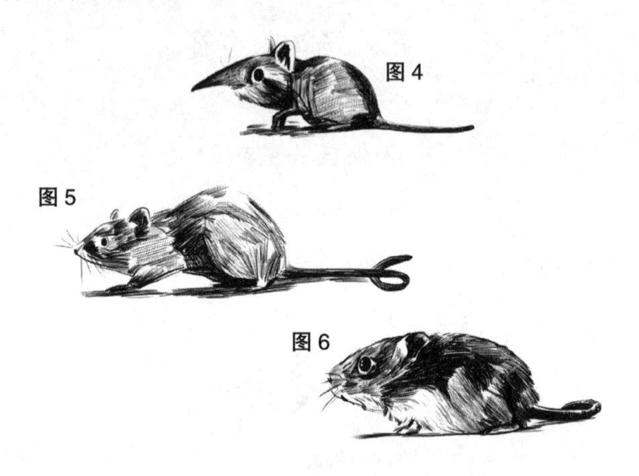

4．这里画着三条蛇和一条无脚蜥蜴。哪一条是蜥蜴？哪几条蛇有毒？用什么咬人？哪几条蛇无毒？

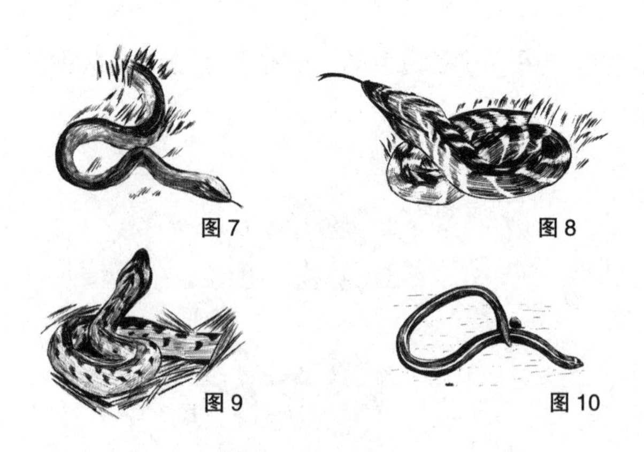

哥伦布
俱乐部

第三个月

幸福的日子来到了。在安德烈和莱姆琪卡的带领下，哥伦布俱乐部的全体成员登上了火车。大家都放下了鼓鼓囊囊的背包，只有尼古拉和弗拉基米尔还扛着枪，不过这也就是他们的全部行李。

火车开了一夜。第二天清晨，哥伦布们刚刚洗完脸，唱完诙谐的俱乐部会歌：

走啊，走啊，走啊，

去往遥远的地方！

这时，火车已经到达了赫瓦伊诺车站。哥伦布们在这里下了车。

大伙儿查看了地图，向当地人打听清楚去娄苏瓦村的路，就兴高采烈地出发了。

路程很远，足足有25公里。大伙前面15公里走得很轻快，还唱着歌。早上空气清新，路两旁都是针叶林。有两处他们不得不用手拨开茂密的树枝。他们走过了一段由白桦木铺的路，经过了一个小小的死湖，湖上早已盖满了杂草。在路上大家只遇到一小队集体农庄女庄员，她们的肩上扛着木棍。火车站上洋溢着节日前夕的气氛。女庄员们把漂亮的裙子掖到腰里，把皮鞋挂在木棍上，赤着脚走到车站去。

然后大家看到了田野，一条很小的河，河边就是村庄。队员们在那里做了第一次休整，喝了浓得像鲜奶油一样的香甜可口的牛奶。接下来，路越来越难走，正午的太阳火辣辣地烤在宽阔的田野上，但是没有人抱怨。

在连绵一公里长的第二个村庄，大家不得不做了第二次休整。因为胖子巴甫洛沙一屁股坐到了井边的长凳子上。井旁竖着一块木牌，上面写着：

“严禁马饮水！”

“我……不是马！”胖子委屈地说，“我……走不了50公里的路……喝不到这井里的水，我就不走了……而且……就一直坐在这里了。”

“瞧你，傻兄弟，”尼古拉尖刻地用俏皮话挖苦他，“你就不怕，喝了井水后，变成只水羚羊？或者，瞧你那么胖，天知道还会变成什么动物呢。”

可是，善良的廖列琪放下了吊水杆，从井里舀了些水给巴甫洛沙喝。胖子喝够了水，坐了会儿，然后哥伦布们又上路了。

出了村子，就是一片森林。但已经不是松树林，而是像火车站旁那样的混合林，而且是片原始森林。古老的、灰白的枞树和银白的白杨树、高大雪白的白桦树交织在一起。愉快的交谈不知什么时候自动终止了。快到“未知之地”的时候，只见塔金在那儿迎接他们。精疲力竭的旅行者们很快走到了娄苏瓦村，在两间由塔金租好的空房子里安顿下来。一间房给女孩，另一间给男孩。

在这里，最让哥伦布们震惊的，是城里人所不习惯的万籁俱寂。既听不见电车的金属嘎吱声，也听不见人群的喧闹声、头顶飞机的嗡嗡声，更听不见遥远的电力机车的汽笛声。少年自然科学家们觉得，在远离故乡千里之遥的地方，他们的确走进了一片未知的、谁也没有发现过的领地。

公鸡的打鸣声、老牛的哞哞声丝毫不妨碍这一片生动的宁静。

安德烈说：

“真正的穷乡僻壤。顺便说一句，在快到这里的路上，我在原始森林里看见（最好别当着女孩的面说），一堆被熊刨开的蚂蚁。”

女孩们齐声宣布，她们不怕熊。

塔金说：

“这就对了。我希望，你们能很快会一会这只捣毁蚂蚁堆的熊。请相信，你们不会怕它的。”

“当然。”弗拉基米尔迫不及待地想在女孩面前炫耀一下自己的博学，“这些食蚁熊和毁坏麦田的熊都是些小野兽。”

塔金朝他看了一眼，想说点儿什么，但又改变了主意。

第二天早晨，塔金带哥伦布们参观了“未知之地”。游览花费了大半天工夫，哥伦布们惊叹所看到的一切：欢快的小河；一小片真正的原始森林；静静的湖；湖上树木茂盛的小岛，大片的农田，上面种满了长势良好的秋播黑麦，以及高大肃穆的松树林，红褐色的小松鼠从一根树枝跳到另一根树枝。

斯拉维米尔若有所思地说，这些挺拔匀称的树干，令人联想到诸如里沙或佐尔巴干这样的奇异的海港。港口聚集着来自世界各地的轮船，桅杆林立，恰似一座森林。他立刻做了首诗。因为没有押韵，他把它叫作自由诗体的诗：

桅杆林立，针叶林
犹如绿色的帆。
在横桁上
我看见红褐色水手的尾巴。

兽类学家廖列琪微笑着说：

“我把你的红褐色水手，第一个列入‘未知之地’

土著居民名单。它们是我们在这里看到的第一批哺乳动物。”

米露琪卡插嘴道：

“你们居民的数量并不多。我们鸟类学家一上午，已经记录了三十七种长着翅膀和羽毛的土著居民，够厉害吧？”

“没关系，我们会找到更多居民的。我们的土著居民都躲起来了。当然，我们的人口没有你们的多。”

这时女孩们听见类似于黄鹂的哨声，连忙朝塔金走去，他正站在一簇大灌木丛后面，朝她们挥手呢。

“我答应过，指给你们看破坏蚂蚁窝的那只熊。瞧，它就在这儿呢。”他神秘兮兮地悄声说。

米露琪卡和廖列琪吓得差点儿惊叫起来：在前面的松树下，在高高的蚂蚁堆旁，蹲着一只毛茸茸的大野兽。它站了起来。这时女孩们才看清，这不是只野兽，而是一位个子高大的老人，穿着一件皮毛外翻的短羊皮袄。他整个身子站直后，扔掉了手里拿着的树枝，抖落了身上的蚂蚁，从地上拾起一只装得满满的口袋，把它搭在了背后。这时，他转过脸来，女孩们看到一张胡子拉碴的脸，很像树妖的脸。然后，他慢腾腾地朝森林深处走去。

塔金解释道：

“这是九十岁的布雷爷爷，他从前是护林员，现在耳朵全聋了，腿也几乎迈不动了。瞧，他给自己找了个活儿干：整天在林子里转悠，寻找野蜂，这也是诺夫戈诺德人从事的老行当。他还收集蚂蚁卵，村里的孩子把它们叫作‘馅饼’。”

“那蚂蚁们怎么办呢？”富于怜悯心的廖列琪感到很伤心。

“母蚁会产下新的卵，勤劳的蚂蚁们很快就会修复被捣毁的蚂蚁城。而布雷爷爷也不会在一个夏天两次捣毁同一座蚂蚁城。”

黄昏时分，疲惫的哥伦布们聚集在“草莓小山”上。他们给开满白色草莓花的、多林的小山丘取了这么个名字。

一只布谷鸟飞了过来，停在一棵高大的山杨树的树枝上，正好在他们头顶的上方。

“咕咕！咕咕！咕咕！”它不停地啼鸣，似乎想为哥伦布们唱上一百年。

塔金微笑着说：

“看起来，这家伙想把它的想法印入我们大伙儿的脑海。当雄布谷鸟唱歌的时候，雌布谷鸟就会偷偷地飞到其他鸟巢旁，用嘴衔出巢里的鸟蛋，再把自己的鸟蛋放进去。绝大多数情况下，女主人不会扔出布谷鸟的蛋，而会把它和自己的蛋一起孵出来，然后再把胃口很大的小布谷鸟养大！这真是个绝妙的主意！也就是说，一种鸟可以精心地养育另一种鸟的后代。在日常生活中，人类几乎还未实践过这一想法。母鸡孵出鸭子，鹅孵出火鸡，难道这类现象还少见吗？如果我们把想繁殖的蛋，放进野禽巢里，那么又会怎么样呢？布谷鸟的想法给我们提供了无限的可能性。”

廖列琪总是积极地回应他人的想法。她附和道：

“首先，可以拯救那些爸爸妈妈已去世的，还没有生下来的小鸟。”

平静从容、善于思考的安德烈赞同地说：

“其次，可以在国外整箱购买加利福尼亚松鸡或极乐鸟的蛋，用喷气式飞机把它们运过来，让我们的松鸡和花尾榛鸡来繁殖它们。”

豪放的尼古拉迅速站起来，说道：

“走吧！”

“去哪儿？”哥伦布们感到很惊讶。

“当然是去实现布谷鸟的想法啊，应该最大限度地实施布谷鸟的创意。”

“哎……你……可真是个……急性子！”巴甫洛沙慢腾腾地站起来，懒洋洋地说道。

安德烈边走边说：

“首先必须搞清楚，几种大小差不多的鸟蛋，是否可以相互放到对方的巢里？还会有新的鸟巢收留它们吗？……然后……”

但是哥伦布们已经依次散开来了。他们相互距离五十步远，搜索路旁和河边的灌木林。他们边走，边用山雀的哨音相互召唤：

“舟维！舟维！舟维！”这哨音使队伍保持整齐。

只要看见小鸟从草丛和灌木中飞出，哥伦布们就会停下来，看看附近有没有鸟巢。

塔金用断断续续的鸲鸟哨音发出信号：

“特勿契！特勿契！特勿契！”（站住！）

哨音依次在队伍的前后响起。哥伦布们站住了，侧耳细听。

“费勿里勿！”（过来！）塔金用黄鹂的哨音叫道。

“费勿里勿！费勿里勿！费勿里勿！”

哨音依次传播开来，哥伦布们悄无声息地走着，不一会儿就聚集到了塔金的身旁。

“这里有只朱雀巢，”塔金低声说，用小木棒指了指前面的稠李丛，“请你们分别走到朱雀跟前，对它说几句好听的话。”

“这是为什么？”哥伦布们惊讶地悄声问。

塔金轻声回答：

“也许，我弄错了。但是，我觉得，鸟儿对人类的声音并非满不在乎。粗鲁的、尖厉的、恶狠狠的声音让它们感到害怕。当然，它们不是害怕语言的意义，而是害怕说话的腔调。友好的、低声的、悦耳的话语，就像平缓的动作那样，会让鸟儿安静下来。鸟儿能很好地理解人们对它的关爱。每种动物都会感受到善意。声音对鸟儿的作用尤其明显，因为鸟儿，特别是鸣禽，非常敏感，并且富于音乐天赋。”

于是哥伦布们一个接一个地走到灌木丛旁，轻轻地用手拨开灌木枝，对着那只长得很像小麻雀的、相貌平平的褐色小鸟，说了些动听的话语。小朱雀正躺在薄薄的干草窝里。

塔金说：

“我已经让它习惯我了。我每天都过来一趟，对着它说会儿话。现在它不太怕人了。”

这时朱雀待不住了，从巢里飞到了树枝上。巢中露出五只天蓝色的蛋，圆的那头带着黑色的小斑点。不过朱雀并没有飞走，而是停留在树枝上，用温柔但焦虑的声音啼叫起来，这声音很像金丝雀的不安的叫声，似乎在问：

“谁啊？谁啊？谁啊？”

廖列琪笑着回答：

“自己人！自己人！我们不会碰你的！你的蛋真漂亮！”

那天哥伦布们一共打扰了朱雀四次。先是廖列琪来了，她从干草窝里取出一只天蓝色的朱雀蛋，再把一只带着红色斑点的、白色的小柳莺蛋放进窝里。这一切都是当着朱雀的面做的。

安德烈找到了黑头莺的巢，取出了第二只天蓝色的朱雀蛋，放进了一只黑头莺的蛋——带着褐色小点的肉色蛋。女画家希格利特则带来了灰色捕蝇鸟的浅灰色蛋。

甚至连豪放的尼古拉，也像捧着青草上的露珠似的，小心翼翼地捧来了绿色的草地石鹏蛋，轻手轻脚地把它放进朱雀巢。在转运过程中，哥伦布们没有打碎或压破一只易碎的鸟蛋。

塔金看着队员们的工作，感到很欣慰。现在的孩子们和他当年读书时的孩子们相比，对待鸟儿的态度，有多大的不同啊！

那时的女孩子们，不知为什么，对鸟儿完全不感兴趣。而男孩子们……唉，最好他们别感兴趣！男孩子们冷漠地、无动于衷地捣毁成百上千只鸟巢，他们把这称为“收集鸟蛋标本”。有的人集邮，有的人集鸟蛋。可是，邮票因此得以保存了下来，而脆弱的蛋壳里的小生命却因此夭亡了。收藏家们把有生命的蛋黄和蛋白去掉，只留下空空的蛋壳。一两年之后，他们的兴趣过去了，便把蛋壳扔进了泔水桶。在无数代人心安理得地毁灭动物的生命之后，终于迎来了光荣的“少年哥伦布”这代人。他们生来热爱生命，保护生命，在生命中发现越来越多的新的奥秘。而以前的孩子们冷漠地对待动物的生命。

第二天大家发现，朱雀真是位伟大的母亲。它接受了五花八门的、别的鸟尚未孕育的后代，开始耐心地孵化它们。

无论哥伦布俱乐部成员们学的是何种专业，他们都对布谷鸟的想法很感兴趣。大家都在寻找鸟巢，重新安放鸟蛋。他们把鸟蛋用黑墨水涂黑，然后偷偷地放进不同的鸟巢里。俱乐部里堆起了厚厚的练习本。本子上详细记载着：谁、什么时候、从哪里把鸟蛋重新放到了什么地方，以及结果如何。

不久大家就搞明白了，有的鸟是多情的、富有自我牺牲精神的母亲，可以放心地把其他鸟的后代交给它们孵化。与之相反，有的鸟却怎么也不愿收养其他鸟蛋。例如，一只灰色的捕蝇鸟接连三次把给它的鸟蛋从巢里扔到一棵老松树的半月形树洞里。第四次它干脆扔掉了鸟巢，尽管那里面还躺着它自己的四只蛋。雌红尾伯劳是鸣禽中的食肉禽，它感激地接受了别的鸟蛋……立刻一口吞食了它。

哥伦布们不仅实施布谷鸟的想法，每个人都还记着各自的专业，编制了“未知之地”各类土著居民的名单。与其他名单相比，鸟类学的名单编制得最快。不过，树木土著居民种类的名单编制也进展顺利。虽然巴甫洛沙变得越来越胖、越来越懒，在森林里待的时间越来越短，可是多拉走遍了“未知之地”的每个角落，考察了每一片大大小小的树林。一次，当她想折断一根柳树枝的时候，她甚至突然掉进了河里。她非常喜欢柳树。

动物学的名单编制得最慢。总的来说，地球上各类四条腿的动物已所剩无几。要发现它们，也不像发现静止不动的树木那么容易。

晚上，哥伦布们打排球，写信，吃晚饭。临睡前，如果天气好的话，大家聚在一起坐会儿：女孩们坐在露台上，她们小屋的阁楼上带有露台；男孩们则坐在楼下的土台上。有的干自己的事，有的互相开玩笑，从楼上开到楼下，又从楼下开到楼上。

斯拉维米尔的诗集中记录了这样的夜晚：

太阳落到了树后，
月亮抽起了旱烟。
在山丘的谷地里，
兔子煮起了啤酒。
蚊子成群飞舞着，
预示将有好天气。

希格利特画农舍后

紫色的阴影。

尼古拉敲响了碗碟：

他将出发去夜行军。

村庄沉睡了，

夜猫子唱起了歌。

斯拉维米尔非常仔细地倾听集体农庄庄员们的谈话，记录下他们的谚语。“月亮抽起了旱烟”，意指云层裹住了月亮。“兔子煮起了啤酒”，意指夜晚谷地上空的雾。从前诺夫戈诺德人自己酿制啤酒，把烧红的石块放入煮着啤酒的大锅里，于是一股白烟从锅里冒出来，弥漫在谷地的上空。斯拉维米尔曾经读到过，诺夫戈诺德州的谚语是俄罗斯最古老的谚语。在那里，喜欢黑暗的夜鹰被叫成了夜猫子。

打靶场答案

请检查你的答案有没有击中目标

第一场比赛

1. 从3月21日开始。

2. 肮脏的雪化得快，因为颜色比较深，更多地吸收阳光热量。（夏天戴黑帽子最热。）

3. 春天，毛皮兽换毛，脱掉浓密温暖的绒毛，这降低了毛皮的价值。另外，野兽怀着小兽。

4. 蝙蝠等到它要吃的昆虫飞来后才出现。

5. 款冬、獐耳细辛和雪花。

6. 白山鹑：冬天它是白色的，夏天有花斑。

7. 雪融化前，它开始换灰毛的时候，或者地面比雪兔先变颜色的时候。

8. 眼睛是睁着的。

9. 在幽暗茂密的森林里生长的树木，快速向上面的光亮处伸长，因此下部就不长树枝了。在开阔地生长的树木，还保留着下部的树枝，而且向四周伸展得很开。

10．小鹪鹩。它的长度只有3.5厘米（不算尾巴）。

11．鹪鹩和戴菊鸟。它们差不多高，比蜻蜓还小。

12．以植物种子和浆果为食的鸟，为了便于把核啄破，嘴巴粗大坚硬；以昆虫为食的鸟，嘴巴细小柔和；而猛禽的嘴巴像钩子，便于把肉撕碎。

13．交嘴鸟。

14．兔子是冬天啃这棵树的，这时地上的积雪有一米深，兔子吃不到下部的树皮。

15．3月21日和9月21日，分别是春分和秋分。

16．冰柱。

17．春天，来自太阳的热量。

18．雪；雪融化后变成小溪，潺潺地流淌。

19．乌黑的马是河，车辕是河岸。

20．冬天，白雪皑皑；春天，鲜花遍地。

21．雪。

22．今天。

23．鹿。

24．喜鹊。

第二场比赛

1．虾。

2．羊肚菌和鹿花菌。

3．农民耕地时会掘出许多蛆虫、幼小的甲虫和其他昆虫。白嘴鸦啄食它们。

4．乌鸦巢扁平，有道槽；喜鹊巢圆圆的，有顶棚。

5．那些不织网抓捕猎物的蜘蛛被叫作“流浪汉”。

6．家燕。

7．在灌木丛里、花园里和树洞里。

8．它们把动物的毛衔回去筑巢。另外，啄食老动物皮里的昆虫和昆虫的幼虫。

9．候鸟是我们的家鸭和家鹅的先祖。春天，每当野禽飞过的时候，家鸭和家鹅就感到郁闷：它们也渴望飞向远方。

10．春天会出其不意地发大水，经常淹没那些地上鸟巢里的鸟蛋和小鸟。

11．禁止捕杀任何鱼。大梭鱼于4月末游到春水泛滥的河湾里产卵。它们产卵的地方水很浅，脊背常常露在水外面，于是盗猎者就朝它们开枪。

12．爬虫更加怕冷，因为它们的血是冷的。天气寒冷时，它们会被冻死。至于鸟儿，要是它们吃饱了，几乎都不怕冷。

13．前舌尖。

14．住在开阔地带的鸟，翅膀尖细狭长。不难推断出：住在树林和灌木丛里的鸟，翅膀不会长，因为长翅膀会缠住树枝和树干。住在密林里的鸟，翅膀宽宽的，短而圆。图中画着的是鸥和喜鹊的翅膀。

15．家燕。

16．蜂房和蜜蜂。

17．甲虫。

18．会咬人的蚊子。

19．雨水落下，大地吸收，青草生长。

20．鱼。

21．土地妈妈。

22．铃兰的花蕾和花。

23．云。

24．指牛的四条腿、两个犄角和一条尾巴。

第三场比赛

1．金龟虫：5月金龟虫和6月金龟虫。

2．蚱蜢的腿上长着小刺，翅膀上长着锯齿。每当它用腿摩擦翅膀时，便发出咔咔的响声。

3．用尾巴。

4．因为雄鹭鸶发出像牛一样的叫声。

5．八条腿。

6．甲虫长着两对翅膀。外面一对坚硬厚实，主要用来保护下面那对飞行用的翅膀。

7．长脚秧鸡，黑鷭（fán）。

8．椋鸟衔着破蛋壳飞出巢，把它丢到离巢很远的地方。

9．蚱蜢的耳朵长在腿上：它的听觉不在头部，而在一双前脚的小腿上。

10．黄鹂。

11．青蛙的卵，像一团团的冻胶漂浮在水面；蟾蜍的卵，黏附在一条胶质带上，带子黏附在水草上。

12．比椋鸟高一点，比鸽子矮一点。

13．在春天的交配期，雄的白山鹑发出像狗一样的叫声。

14．色彩艳丽的鸟。等到我们这里的树上长满了绿色的嫩叶，它们才飞过来。

15．春天。丁香花谢的时候，就认为夏天开始了。

16．蚂蚁在蚁穴里忙忙碌碌；啄木鸟啄树好似铁匠打铁；夜晚，星星在天空闪烁，好像开着灯。

17．白桦树。行路的人砍下白桦枝做拐杖；赶车的人用它做鞭子；在乡下，给病人喝白桦树汁。

18．喜鹊。

19．蜘蛛网。

20．雨。雨落在草里，汇成小溪。

21．雨。

22．狼。

23．山羊。

24．河、河岸和岸边的灌木丛。

锐眼竞赛答案

第一场测验

图1画的是天鹅。它在飞行的时候，伸直细长柔软的脖子，由此看上去翅膀似乎拖在后面。短腿缩了起来，因此看不见腿。

图2画的是雁。它飞行的时候很像天鹅，不过脖子要短很多，比较矮小，呈灰色。

图3画的是鹤。它在飞行的时候，把脖子和双腿伸得像木棒那么直。

图4画的是鹭鸶。人们很容易把它和鹤区别开来，因为它在飞行的时候，弯着脖子，翅膀也弯得很厉害。

这是什么树的阔叶？这是什么树的针叶？

1．白桦树；2．赤杨；3．椴树；4．白杨；5．杨树；6．白蜡树；7．柳树；8．槭树；

9．栎树；10．榛树；11．苹果树；12．松树的针叶。

第二场测验

图1画的是矶凫和浅水野鸭。野鸭栖在水面时，把身体的后部抬离水面。它觅食时，像家鸭一样，只把身体的前部钻进水里。

矶凫栖在水面时，把身体后部的隆起处浸入水中。潜水时身子全部钻入水里。

图2画的是雪兔。雪兔的耳朵比较短，要是向前弯，够不到鼻尖。脚掌比较宽，尾巴圆圆的，尾巴尖有个小黑点，呈灰色。

图3画的是灰兔。夏天人们也很容易把灰兔和雪兔区别开来。因为灰兔比较高大，身上的毛略带棕红色或淡黄色。耳朵长长的，要是向前弯，可以超过鼻尖；腿细细的，尾巴比雪兔的长，上面长着个长形的黑斑点。

图4画的是鼩鼱。它是有益的捕食昆虫的小兽。

图5画的是家鼠。它是有害的啮齿类动物。

图6画的是野鼠。它也是有害的啮齿类动物。

根据下列特征，很容易把这三种鼠类小兽彼此区别开来：鼩鼱的嘴巴长长的，像只长鼻子。身子躬起，几乎看不见眼睛，因为眼睛躲在毛里面；家鼠和野鼠的脸上没有长鼻子。家鼠的尾巴长些，野鼠的尾巴短些。

图7画的是无毒的游蛇。图8是有毒的灰蝰蛇。在温驯、对人类有益的游蛇的头两侧，可见清晰的黄斑。在毒性巨大而有害的蝰蛇的灰色脊背上，可以清楚地看见“罪犯的烙印”：黑色的锯齿形条纹。

图9画的是没有脚但对人非常有益的蜥蜴，又叫蛇蜥。图10是黑蝰蛇。千万不要把黑蝰蛇和游蛇混淆：黑蝰蛇的头上没有黄斑。跟游蛇一样，你可以把蛇蜥拿在手里，因为它没有毒牙，不会伤害你。要是只抓住它的尾巴，像普通的蜥蜴那样，它会把尾巴留在你的手里。要是抓住蝰蛇的尾巴，它会猛一回头，用毒牙咬住你。你会因此中毒，甚至丢掉性命。所以，一定要学会正确区分蝰蛇、游蛇和蛇蜥。蝰蛇有各种颜色：从浅灰色到乌黑色。

跟蜜蜂和黄蜂不一样，蛇并不会蜇人。人们错误地认为，蛇那尖尖的、带分叉的小舌头会蜇人。实际上，毒蛇的毒藏在牙齿里。

基特·韦利卡诺夫对故事的解释

我的十个观察

我最初的两个观察是完全正确的。长着乌黑翅膀的白色大鸥经常从大西洋、波罗的海，飞到我们涅瓦河河边来。它们的学名叫棕鸥。如果你能叫出它们的名字，可以得两分。

每年春天，海里的潜鸭途经列宁格勒上空飞往北方。很多潜鸭潜入水中，把翅膀当作手来划水。如果你了解这一点，可以得两分。

至于黑天鹅，对不起，这是一派胡言！我们这里见不到黑天鹅，它们生长在澳大利亚，从不飞到我们这里来。但我不单为了这个才出这道题。问题在于，我们的猎人常常说看到了黑天鹅，只不过从未打到过它们。为什么会这样呢？因为当逆光看的时候，所有的鸟似乎都是黑色的。黄嘴天鹅（大天鹅）和身材略矮些的小天鹅经常落在列宁格勒附近歇息。但这两种天鹅都是白色的。你经常碰到这样的情况：当鸥朝你飞来时，完全是黑色的！射中它！捡了起来，却发现是最普通的白色，只有翅尖是黑色的。所以，如果你说“黑天鹅只生长在澳大利亚”，那么你可以得一分。

如果你没看出这是谎言，那么只能得零分。如果你能解释，为什么有时天鹅似乎是黑色的，那么可以给自己再加一分。

这里流传着古老的传说，似乎身强力壮的大鸟，在精疲力竭的海上长途飞行中，会让小鸟落在自己的背上歇息，把小鸟运送到我们这儿来。可是，这当然只是传说，这里从未发生过这样的事。只有塞里玛·拉格洛芙著名的童话中的小尼尔斯和俄罗斯众多童话中的伊万努什卡才会骑着鹅飞行[①]。要是少年自然科学家也相信这样的传说，会很丢人！从未见过类似的鸟儿当乘客的报道。答对了得两分。

黑色的花并不常见，作者说得不对。如果你能揭穿谎言，得两分。

春天时沙锥的确用尾巴唱歌。

---

① 塞里玛·拉格洛芙（1858—1940）是瑞典的优秀女作家，1909年获得诺贝尔文学奖。她创作的《尼尔斯骑鹅旅行记》讲述一个顽皮孩子尼尔斯骑着他家的大白鹅，做长途旅行的奇遇。——译者注

这里说的是扇尾沙锥。它们的嘴巴很长，叫声响亮。春天时它们飞到半空中，头朝下俯冲，发出类似于羊的叫声。这是扇尾沙锥春天常玩的游戏，它们也是在求偶。猜到是扇尾沙锥的人，可以得两分。

难道有这样的鸟吗？为了不让自己在夏季太显眼，像雪兔那样，在夏季前换掉冬天穿的雪白的皮袄，尽管不是换成灰色，而是换成了五彩的颜色。是的，我们这儿有这样的鸟，名叫白山鹑。冬天它像雪一样白，夏天变得五彩缤纷，可以安全地躲在长满青苔的沼泽地的树丛里，那是它的居住地。如果有谁知道这一点，可以加两分。

蝙蝠中午不飞行，作者撒谎了。如果你答对了，得两分。

事实上，可以采到这种早春蘑菇。这是食用菇，味道鲜美，被称为羊肚菌和鹿花菌。如果你了解这一点，可以得两分。